21世纪高等院校教材

化 学 导 论

马子川　于海涛　主编

科 学 出 版 社

北 京

内 容 简 介

本书简要介绍化学学科及其主要应用领域，共 8 章：第 1 章为化学学科体系简介，简要介绍无机化学、有机化学、分析化学、物理化学和理论化学、环境化学、高分子化学、化学工程与工业化学 8 个分支学科的基本内涵及主要研究内容；第 2～8 章分别介绍化学与工业、化学与农业、化学与军事、化学与能源、化学与材料、化学与生活、化学与环境等内容。各章末配有思考题。

本书可作为高等学校理学类专业一年级本科生的通识课教材，也可供中学教师及高中生参考。

图书在版编目（CIP）数据

化学导论/马子川，于海涛主编. —北京：科学出版社，2011.9

21 世纪高等院校教材

ISBN 978-7-03-032161-9

Ⅰ.①化…　Ⅱ.①马…②于…　Ⅲ.①化学-高等学校-教材　Ⅳ.①O6

中国版本图书馆 CIP 数据核字（2011）第 171822 号

责任编辑：丁　里/责任校对：何艳萍
责任印制：张　倩/封面设计：华路天然工作室

科 学 出 版 社 出版
北京东黄城根北街 16 号
邮政编码：100717
http://www.sciencep.com

天津市新科印刷有限公司印刷

科学出版社发行　各地新华书店经销

*

2011 年 9 月第　一　版　　开本：720×1000　1/16
2024 年 7 月第十四次印刷　　印张：10 1/4
字数：207 000

定价：**39.00 元**

（如有印装质量问题，我社负责调换）

前　言

党的二十大报告指出："我们要推进美丽中国建设，坚持山水林田湖草沙一体化保护和系统治理，统筹产业结构调整、污染治理、生态保护、应对气候变化，协同推进降碳、减污、扩绿、增长，推进生态优先、节约集约、绿色低碳发展。"

化学被称为是自然科学体系的中心学科，是一门实用的、创造性的学科，与环境科学、医学、药学、能源科学、海洋科学、地质学和考古学等学科都有紧密的联系、交叉和渗透。为了推进美丽中国建设，化学类通识课程在高等教育体系中具有不可或缺的重要地位。

本书作为化学类通识教材，在编写过程中实现了化学与相关学科知识的有效交叉融合，体现了多学科的深度融合，使教材实现成熟与创新的有机统一。在跨学科视角下，展现了各学科的前沿科技创新成果，启发学生的创新思维和探究能力，从而培养学生的跨学科整合能力、多维科学实践观和批判能力等。

本书共 8 章。第 1 章为化学学科体系简介，简要介绍无机化学、有机化学、分析化学、物理化学和理论化学、环境化学、高分子化学、化学工程与工业化学 8 个分支学科的基本内涵及主要研究内容；第 2 章化学与工业，介绍石油化工、煤化工、精细化工和医药化工，使学生体会化学在建立和发展现代工业中所起的重要作用；第 3 章化学与农业，从化学肥料、化学农药、农副产品的生物化工及生物质资源化利用几个方面，简单介绍化学对农业的重要贡献；第 4 章化学与军事，介绍炸药、烟火剂、火箭推进剂以及化学武器，使学生深刻认识到化学已渗透到许多军事领域之中，掌握化学可以为保卫祖国、巩固国防贡献力量；第 5 章化学与能源，通过简单介绍石油炼制、煤炭的清洁利用、化学电源和光伏能源，说明化学在能源的开发和利用方面扮演着重要的角色；第 6 章化学与材料，重点介绍金属材料、无机非金属材料、高分子材料和纳米材料，使学生体会到新材料的开发和材料性质与功能的研究都离不开化学这一中心学科的参与；第 7 章化学与生活，简要介绍营养化学、食品添加剂、洗涤用化学品及化妆用化学品，使学生了解化学与日常生活的密切联系；第 8 章化学与环境，在介绍环境及环境问题定义的基础上，综述环境污染与环境变化、环境中的持久性有机污染物、污染控制化学、绿色化学 4 个专题，说明化学知识和化学技术可以帮助人们认识和解决环境问题。本书可作为高等学校理学类专业一年级本科生的通识课教材，也可供中学教师及高中生参考。使用本书作为教材建议先讲第 1 章，其他各章内容既有联系，又相互独立，可根据不同教学要求选讲。

　　本书第 1 章、第 3 章、第 5 章和第 8 章由马子川编写，第 2 章、第 4 章、第 6 章和第 7 章由于海涛编写。马子川负责全书的整理、修改和定稿。

　　本书为河北师范大学汇华学院 2009 年精品教材项目研究成果。

　　由于编者水平有限，书中难免有疏漏和不足之处，敬请读者批评指正。

编 者

2023 年 7 月

目　　录

第1章 化学学科体系简介

1.1 概　述

　　化学是一门中心科学，也是一门既古老又现代的学科，已渗透到工业、农业、军事、能源、材料、环境及人类社会生活的各个方面，从人类的衣、食、住、行到高科技太空探险，从纸、墨、笔、砚到高科技电子产品，从我们身边的饮用水、垃圾问题到全球变暖、酸雨、替代能源、低碳经济、核武器等当今社会的热点问题，无一不与化学有着密切的联系，在一定程度上讲，其产生、发展乃至最终解决，都离不开化学。

　　样式新颖、种类繁多的衣服大部分是用合成纤维制成并由合成染料上色的。各种品牌的矿泉水含有人体所需的多种微量元素，必须经过化学检验以保证质量。食品是用化肥和农药辅助生产的粮食加工的。房子是用水泥、玻璃、油漆、密封胶等化学建材产品建造的。汽车的金属部件和油漆显然是化学品，车厢内的装潢材料通常是特种塑料或经化学制剂处理过的皮革制品，汽车的轮胎多由合成橡胶制成，车用燃油和润滑油是含化学添加剂的石油化工产品，蓄电池是化学电源；尾气排放系统中用来降低污染的催化转化器装有用铂、铑和其他一些化学物质组成的催化剂，它可将汽车尾气中的氧化氮、一氧化碳和未燃尽的碳氢化合物转化成低毒害的物质。飞机和航天器需要用质强量轻的新型金属和非金属材料来制造，而且需要特种燃油。肥皂和牙膏是日用化学品，维生素和药物也是由化学家合成的。书刊、报纸是用化学家发明的油墨和经化学过程生产出的纸张印制而成的。

　　再从社会发展来看，化学对于实现农业、工业、国防和科学技术现代化具有重要的作用。农业要大幅度的增产，农、林、牧、副、渔各业要全面发展，在很大程度上依赖于化学科学的成就。化肥、农药、植物生长激素和除草剂等化学产品，不仅可以提高产量，而且也改进了耕作方法。高效、低污染的新农药的研制，长效化肥和复合化肥的生产，农副业产品的综合利用和合理储运，也都需要应用化学知识。在工业现代化和国防现代化方面，亟需研制各种性能迥异的金属材料、非金属材料和高分子材料。在煤、石油和天然气的开发、炼制和综合利用中包含着极为丰富的化学知识，并已形成煤化学、石油化学等专业领域。导弹的生产、人造卫星的发射，需要很多种具有特殊性能的化学产品，如高能燃料、高能电池、高敏胶片及耐高温、耐辐射的材料等。

　　目前，广受人们关注的几个重大问题——环境的保护、能源的开发利用、功能材料的研制、生命过程奥秘的探索，都与化学密切相关。随着工业生产的发展，工业废气、废水和废渣越来越多，处理不当就会污染环境。全球气温变暖、臭氧层破坏和酸雨是三大环境问题，正在危及人类的生存和发展。因此，"三废"的治理和利用，寻找净化环境的方法和对污染物的监测，都是现今化学工作者的重要任务。在能源开发和利用方面，化学工作者曾为人类使用煤和石油作出重大贡献，现在又在为开发新能源积极努力。太阳能和氢能源的研究都是化学科学研究的前沿课题。材料科学是以化学、物理和生物学等为基础的边缘科学，主要是研究和开发具有电、磁、光和催化等各种性能的新材料，如高温超导体、非线性光学材料和功能性高分子合成材料等。生命过程中充满着各种生物化学反应，当今化学家和生物学家正在通力合作，探索生命现象的奥秘，从原子、分子水平上对生命过程作出化学的说明则是化学家的优势。

　　事实上，任何物质和能量乃至生物对人类来说都有两面性。天然化合物也有两面性，有的甚至有非常强的毒性。无论是化学创造的新物质还是自然界原有的物质，都要合理使用。化学对于人类的贡献利弊共存，是一把"双刃剑"。化学能够帮助人们了解化学物质的性质和变化规律，了解物质的两面性的本质，这是合理使用它们的科学基础。化学也能帮助人们认识自然界发生的各种化学过程，使人们能够正确地利用和控制它们。例如，通过化学的研究，人们发现破坏臭氧层的是氟利昂之类的化学物质，基本清楚了臭氧层的形成和被破坏的机理，在此基础上找到了保护臭氧层的途径。M. Molina、F. S. Rowland 和 P. Crutzen 三位科学家因为在研究大气层化学，特别是臭氧层的形成和破坏方面所取得的成果而获得 1995 年诺贝尔化学奖。化学不仅在解决化学品问题上起关键作用，而且在处理物理的和生物的危险因素方面也能够发挥主要作用。例如，对受到放射性、紫外线等辐射的人体的处理与治疗就是利用螯合反应排除金属，或者用自由基清除剂、抑制剂以及细胞保护剂等化学物质阻止其对人体的损伤。

　　现代化学有非常丰富的研究对象，徐光宪院士曾建议对化学定义如下：化学是主要研究原子、分子片、分子、原子分子团簇、原子分子的激发态与过渡态及吸附态、超分子、生物大分子、分子和原子的各种不同尺度和不同复杂程度的聚集态与组装态，直到分子材料、分子器件和分子机器的合成与反应，分离和分析，结构和形态，物理性能和生物活性及其规律与应用的自然科学。这个定义的上半句是化学的主要研究对象，下半句是研究内容和方法。除主要对象外，化学也可研究分子聚集态以后的层次，如研究生物层次的生命化学、脑化学、神经化学，研究宇宙层次的天体化学，研究地质层次的地球化学等。这些是化学和其他一级学科交叉的例子。

因此，可以说，化学与社会及人们所关心的各种事物之间存在着复杂而紧密的联系，在美国出版的 *Chemistry in Context：Applying Chemistry to Society* 一书中，将这种联系比喻为一张美丽的蜘蛛网（Eubanks, et al. , 2008），如图 1.1 所示。

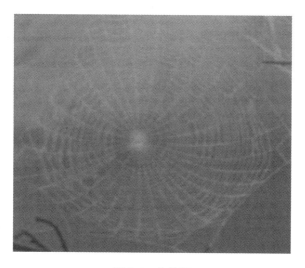

图 1.1　蜘蛛网

我们特别钦佩该书作者使用蜘蛛网这一比喻。第一，它形象地描述了化学与人类社会联系的广泛性、紧密性和复杂性。这启示我们，化学可以帮助人们认识和解决许多领域中的问题。第二，蜘蛛网是一个蜘蛛通过日复一日、勤劳刻苦的劳作编织完成的，这个过程中蜘蛛会吐出一根根长长的、随风飘起的蛛丝，并相互粘牢在一起。这启示我们，要学习化学，需要像蜘蛛那样有良好的态度，坚持不懈的努力，构建起自己坚固而有弹性的知识网络。第三，在本课程及本书中，我们在简单介绍化学主要分支学科和基本思想的基础上，通过选择一些与化学密切相关的应用领域和事例，试图帮助学生从一定的高度和角度审视"化学蜘蛛网"，为他们选择学习专业乃至规划个人职业生涯提供决策参考。

1.2　无机化学简介

无机化学是研究无机物质的组成、性质、结构和反应的科学，它是化学中最古老的分支学科之一。在我国国家自然科学基金委员会中，无机化学被列为化学科学部的一个独立学科，目前的项目主任是陈荣研究员；在中国化学会中设有无机化学学科委员会，目前的主任是孙为银教授。

无机化学的主要研究领域有：①无机合成和制备化学，主要包含合成与制备技术、合成化学；②元素化学，包含稀土化学、主族元素化学、过渡金属化学、丰产元素与多酸化学；③配位化学，主要包括固体配位化学、溶液配位化学、功能配合物化学；④生物无机化学，主要包括金属蛋白（酶）化学、生物微量元素化学、细胞生物无机化学、生物矿化及生物界面化学；⑤固体无机化学，主要包括缺陷化学、固相反应化学、固体表面与界面化学、固体结构化学；⑥物理无机化学，主要包括无机化合物结构与性质、理论无机化学、无机光化学、分子磁体、无机反应热力学与动力学；⑦无机材料化学，主要包括无机固体功能材料化学、仿生材料化学；⑧分离化学，主要包括萃取化学、分离技术与方法、无机膜化学与分离；⑨核放射化学，主要包括核化学与核燃料化学、放射性药物和标记化合物、放射分析化学、放射性废物处理和综合利用；⑩同位素化学；⑪无机纳米化学；⑫无机药物化学；⑬无机超分子化学；⑭有机金属化学；⑮原子簇化学；⑯应用无机化学。

无机化学在合成和制备研究中，力求发展新的合成方法及路线，揭示新的反应机理，注重运用分子设计和晶体工程的思想，深化新物质合成及聚集状态的研究，关注无机材料的组装与复合，突出功能性无机物质的结构与性能关系，以及新材料的应用基础研究；通过与物理学的交叉，运用物质科学的基础理论和表征技术，发展和强化无机物质及其材料与器件的性质研究；无机化学与生命科学的交叉突出无机物生物效应的化学基础，深化金属生物大分子、无机仿生过程及分子以上层次生物无机化学研究。

近年来，无机化学学科的研究水平提高很快，运用现代物理实验方法，如射线、中子衍射、电子衍射、磁共振、光谱、质谱、色谱等方法，使无机化学的研究由宏观深入到微观，从而将元素及其化合物的性质和反应同结构联系起来，形成现代无机化学。无机化学随着广度上的拓宽和深度上的推进，已经发展到了一个新的阶段，无论在科学地位上还是对国民经济和社会发展的作用方面都有其重要的战略地位。

1.3　有机化学简介

有机化学是研究有机物质的来源与组成、合成与制备、结构与性质、反应与转化，以及功能与作用机理的科学。在人类已知的化合物中，有机化合物占了绝大多数。与生命活动密切相关的有机化合物广泛存在于人类居住的地球上，使地球充满生机与活力。近年来，新合成的有机化合物数量以千万计，极大地丰富了我们的物质世界，满足了日益增长的社会需要。

有机化学的发展使得煤、石油、天然气、农林等自然资源得到了充分的综合利用，同时，形成了元素有机化学、燃料化学、药物化学和高分子化学等分支学科。这些分支学科又为合成塑料、橡胶、纤维、染料和药物等有机化学工业提供了理论指导。

在我国国家自然科学基金委员会中有机化学被列为化学科学部的一个独立学科，目前的项目主任是郑企雨研究员；在中国化学会中设有有机化学学科委员会，现任主任是姜标研究员。

有机化学的研究领域主要涉及：①有机合成，主要包括有机合成反应、复杂化合物的设计与合成、选择性有机反应、催化与不对称反应、组合合成等；②金属有机化学，主要包括金属络合物的合成与反应、生物金属有机化学、金属有机材料化学；③元素有机化学，主要包括有机磷化学、有机硅化学、有机硼化学、有机氟化学；④天然有机化学，主要包括甾体及萜类化学、中草药与植物化学、海洋天然产物化学、天然产物合成化学、微生物与真菌化学；⑤物理有机化学，主要包括活泼中间体化学、有机光化学、立体化学基础、有机分子结构与反应活性、理论与计算有机化学、有机超分子与聚集体化学、生物物理有机化学；⑥药物化学，主要包括药物分子设计与合成、药物构效关系；⑦化学生物学与生物有机化学，主要包括多肽化学、核酸化学、蛋白质化学、糖化学、仿生模拟酶与酶化学、生物催化与生物合成；⑧有机分析，主要包括有机分析方法、手性分离化学、生物有机分析；⑨应用有机化学，主要包括农用化学品化学、食品化学、香料与染料化学；⑩绿色有机化学；⑪有机分子功能材料化学，主要包括功能有机分子的设计与合成、功能有机分子的组装与性质、生物有机功能材料。

有机化学的新理论、新反应、新方法不仅推动了化学学科的发展，同时也促进了该学科与生命、材料、能源、信息、农业和环境等相关领域在更大程度上的交叉和渗透，进一步拓展了有机化学的研究领域。当今有机化学研究的特点是：有机化学的分子设计、分子识别与组装等概念正在影响着多个学科的发展；选择性反应尤其是催化不对称反应，已成为有机化学研究的热点；绿色化学也成为有机化学研究中具有战略意义的前沿，正在为合理利用资源、解决环境污染等发挥重要的作用；有机化学与生命科学的交叉为研究和认识生命体系中的复杂现象提供了新的方法和手段；有机化学与材料科学的交叉促进了新型有机功能物质的发现、制备和应用；新技术的发现与应用推动了有机化学的发展。有机化学的应用已深入人类生活的各个领域，因此学习有机化学对提高人们的科学素养有着重要的意义。

1.4 分析化学简介

分析化学是研究物质的组成和结构，确定物质在不同状态和演变过程中的化学成分、含量和时空分布的量测科学。在我国国家自然科学基金委员会中分析化学被列为化学科学部的一个独立学科，目前的项目主任是庄乾坤教授；在中国化学会中设有分析化学学科委员会，现任主任是杨秀荣研究员。

分析化学的研究范围广泛，分支甚多，常见的分析化学研究领域有：①色谱分析，主要包括气相色谱、液相色谱、离子色谱与薄层色谱、毛细管电泳及电色谱、微流控系统与芯片分析、色谱柱固定相与填料；②电化学分析，主要包括伏安法、生物电化学分析、化学修饰电极、微电极与超微电极、光谱电化学分析、电化学传感器、电致化学发光；③光谱分析，主要包括原子发射与吸收光谱、原子荧光与X射线荧光光谱、分子荧光与磷光光谱、化学发光与生物发光、紫外与可见光谱、红外与拉曼光谱、光声光谱、共振光谱；④波谱分析与成像分析；⑤质谱分析；⑥分析仪器与试剂，主要包括联用技术、分析仪器关键部件、配件研制、分析仪器微型化、极端条件下分析技术；⑦热分析与能谱分析；⑧放射分析；⑨生化分析及生物传感，主要包括单分子及单细胞分析、纳米生物化学分析方法、药物与临床分析、细胞与病毒分析、免疫分析化学、生物分析芯片；⑩活体与复杂样品分析；⑪样品前处理方法与技术；⑫化学计量学与化学信息学；⑬表面、形态与形貌分析，主要包括表面及界面分析、微区分析、形态分析、扫描探针形貌分析。

当前的分析化学发展很快，研究体系由简单转入复杂，组学样品、活体生物等成为关注焦点；研究层次已进入单细胞、单分子水平；研究对象更多地转向生物活性物质，如DNA、蛋白质、手性药物和环境毒物等；研究信息已由组成延伸至功能、结构、形态及立体构象等，化学计量学及化学信息学得到重视；研究指导思想已不再拘泥于传统或简单原理的仪器分析，微/纳米概念、微流控学、仿生原理等被越来越多地纳入分析化学研究之中。

1.5 物理化学和理论化学简介

物理化学是化学学科的一个古老而重要的分支学科，它借助数学、物理等基础科学的理论和实验手段来研究化学中的普遍原理和方法，研究化学系统行为最一般的宏观、微观规律与理论。早些年，物理化学涵盖量子化学和结构化学的内容，近几十年，这些领域的研究发展迅速，现在采用了物理化学和理论化学并称的提法。在我国国家自然科学基金委员会中物理化学和理论化学被列为化学科学部的两个独立学科，目前的项目主任是杨俊林研究员和高飞雪研究员；在中国化学会中设有物理化学学科委员会，目前的主任是吴凯教授，同时还设有电化学专业委员会、胶体与界面化学专业委员会、催化专业委员会、理论化学专业委员会、光化学专业委员会等。在本科化学类专业中，物理化学和结构化学都是专业核心课程，对化学人才培养起着重要的作用。

物理化学和理论化学是化学科学的重要基础,它涵盖以下分支学科或研究领域:①热力学,主要涉及量热学、化学平衡与热力学参数、非平衡态热力学与耗散结构、溶液化学、复杂流体及统计热力学;②化学动力学,主要涉及宏观动力学、超快动力学、分子动态学和激发态化学;③电化学,主要涉及电极过程动力学、界面电化学、电催化、光电化学、腐蚀电化学、材料电化学、纳米电化学及化学电源;④胶体与界面化学,主要涉及分散体系与流变性能、表面/界面吸附现象、表面/界面表征技术、表面活性剂、超细粉和颗粒、分子组装与聚集体;⑤催化化学,主要涉及均相催化、多相催化、仿生催化、光催化及催化表征方法与技术;⑥光化学和辐射化学,主要涉及光化学与光物理过程、感光化学、辐射化学、材料光化学、超快光谱学及等离子体化学与应用;⑦生物物理化学,主要涉及生物光电化学与热力学、生命过程动力学、结构生物物理化学及生物物理化学方法与技术;⑧结构化学,主要涉及体相结构、表面结构、溶液结构、动态结构、纳米及介观结构、光谱与波谱学;⑨理论和计算化学,主要涉及量子化学、化学统计力学、化学动力学理论及计算模拟方法与应用;⑩化学信息学,主要涉及化学反应和化学过程的信息学、分子信息学、分子信息处理中的算法及化学数据库。

近年来,物理化学和理论化学的研究内容不断丰富和拓展:从单分子、分子聚集体到凝聚态,从分子间弱相互作用到化学键形成,从简单体系到复杂体系;借助物理化学手段和理论方法,获取从基态到激发态、从稳态到瞬态的分子结构以及动态变化的信息。物理化学的研究呈现出以下态势:宏观与微观相结合、体相与表(界)面相结合、静态与动态相结合、理论与实验相结合,并进一步深入到对化学反应和物质结构调控的研究。

物理化学和理论化学非常容易与能源、环境、生命、材料、信息等领域基础科学相交叉,能够积极推动许多新的学科生长点的产生。物理化学在化学和相关科学的发展中发挥着越来越重要的作用。

1.6 环境化学简介

环境化学是以化学科学的理论和方法为基础发展起来的,是以化学物质在环境中出现而引起的环境问题为研究对象,以解决环境问题为目标的一门新兴学科。环境化学主要研究化学物质特别是污染物在环境介质中的存在、迁移转化、归趋、效应和控制的化学原理和方法。它既是环境科学的核心组成部分,也是化学科学的一个分支。在我国国家自然科学基金委员会中环境化学被列为化学科学部的一个独立学科,目前的项目主任是王春霞研究员;在中国化学会中也设有环境化学专业委员会,目前的主任是江桂斌院士。

　　一般认为，环境化学涵盖以下分支学科或研究领域：①环境分析化学，主要涉及无机污染物、有机污染物、污染物代谢产物及污染物形态的分离分析；②环境污染化学，主要涉及大气污染化学、水污染化学、土壤污染化学、固体废弃物污染化学、放射污染化学、纳米材料污染化学及复合污染化学；③污染控制化学，主要涉及大气、水、土壤及固体废弃物的污染控制化学；④污染生态化学，主要涉及污染物赋存形态和生物有效性、污染物与生物大分子的相互作用、污染物的生态毒性和毒理；⑤理论环境化学，主要涉及污染化学动力学、污染物构效关系、化学计量学在环境化学中的应用及环境污染模式与预测；⑥区域环境化学，主要涉及化学污染物的源汇识别、污染物的区域环境化学过程及污染物输送中的化学机理；⑦化学环境污染与健康，主要涉及环境污染的生物标志物、环境污染与食品安全、人居环境与健康及环境暴露与毒理学。

　　近年来，环境化学在与其他学科的交叉渗透中不断开拓新的研究空间。在广度上，将土、水、气、生物作为一个完整系统来研究，更具系统性和综合性；在深度上，对活性基团进行动态微观活性的研究也在深入进行。环境化学和相关学科结合，正在有毒化学物质的化学与生物污染控制和保护生态环境与人体健康等研究领域发挥越来越重要的作用。

　　在国家自然科学基金委员会发布的 2010 年申请指南中可以发现，近期环境化学的鼓励研究方向有：城市大气污染的重要化学反应过程及机理（重点研究沙尘暴和大气中 $PM_{2.5}$ 及更细颗粒物）；污染物质在多介质界面的复杂反应、传输机理及形态结构变化；难降解有毒有机污染物结构、生物活性及生物标记物；环境体系中的多种污染物交互作用及联合效应；污染土壤和水体修复的化学与生物学原理；城市垃圾和固体废弃物处置机理及新技术；痕量污染物的环境分析化学新原理、新技术研究，持久性有机物及痕量内分泌干扰化合物的环境行为与生态效应等。

　　可以预测，环境化学在与相关学科的综合交叉中将会迅速发展，将会在推动基础科学研究和解决人类和国家面对的重大环境问题中发挥越来越重要的作用。

1.7　高分子化学简介

　　高分子化学是研究高分子的形成、化学结构与链结构、聚集态结构、性能与功能、加工及利用的学科门类，研究对象包括合成高分子、生物大分子和超分子聚合物等。在我国国家自然科学基金委员会中高分子化学被列为化学科学部的一个独立学科，目前的项目主任是董建华教授；在中国化学会中设有高分子化学学科委员会，现任主任是周其凤院士。

　　高分子化学主要研究领域有：①高分子合成化学，主要包括高分子设计与合成、配位聚合与离子型聚合、高分子光化学与辐射化学、生物参与的聚合与降解反应、缩聚反应、自由基聚合；②高分子化学反应，主要包括高分子降解与交联、高分子接枝与嵌段、高分子改性反应与方法；③功能与智能高分子，主要包括吸附与分离功能高分子、高分子催化剂和高分子试剂、医用与药用高分子、生物活性高分子、液晶态高分子、光电磁功能高分子、储能与换能高分子、高分子功能膜、仿生高分子；④基于可再生资源的天然高分子与生物高分子；⑤高分子组装与超分子结构，主要包括超分子聚合物、超支化与树形高分子；⑥高分子物理与高分子物理化学，主要包括高分子溶液、高分子聚集态结构、高分子转变与相变、高分子形变与取向、高分子纳米微结构及尺寸效应、高分子表面与界面、高分子结构与性能关系、高分子测试及表征方法、高分子流变学、聚电解质与高分子凝胶、高分子塑性与黏弹性、高分子统计理论、高分子理论计算与模拟；⑦应用高分子化学与物理，主要包括高分子加工原理与新方法、高性能聚合物、高分子多相与多组分复合体系、聚合反应动力学及聚合反应过程控制、杂化高分子、高分子循环利用。

　　在高分子化学领域，近年来鼓励研究的方向包括：①合成高分子的各种聚合方法学，相对分子质量和产物结构等可控的聚合反应及大分子的生物合成方法研究；②高分子参与的化学过程；③非石油资源合成高分子，超分子聚合物、超支化高分子等各种新结构和高分子立体化学研究。

　　在高分子物理领域，主要方向包括：①提出高分子凝聚态物理新概念，深入研究聚合物结构及其动态演变，加深对聚合物结晶、液晶和玻璃化等转变过程的认识，注重从单链高分子聚集态到成型过程聚集态的研究；②关注新结构高分子的表征及结构与性能关系；③加强对高分子溶液和聚合物流变学的研究；④发展高分子新理论与计算模拟方法，关注多尺度关联计算模拟方法的研究。

　　在功能高分子领域，主要方向包括：①具有电、光、磁特性高分子的研究；②生物学、医学、药学相关高分子的研究；③吸附与分离、催化与试剂、传感和分子识别等功能高分子的研究。

1.8　化学工程与工业化学简介

　　化学工程与工业化学是研究物质转化过程中物质的运动、传递、反应及其相互关系的科学，是研究大规模地改变物料的化学组成和物理性质的工程技术学科。其任务是认识物质转化过程中传递现象和规律及其对反应本身和目标产品性能的影响，研究洁净高效地进行物质转化的工艺、流程和设备，建立使之工业化的设计、放大和调控的理论和方法，并重点关注化学工程与技术领域独特的新理念、新概念、新方法及在该领域的创造性应用。

在我国国家自然科学基金委员会中化工学科包括化学工程与工业化学两个方面，目前的项目主任是孙宏伟研究员。中国化工学会下设 20 个专业分委员会，中国化工学会现任理事长是李勇武高级工程师。

化学工程与工业化学研究的对象不但包括在化工生产装置中进行的化学变化过程，而且还包括把混合物分离为纯净组分的过程，以及改变物料物理状态和性质的各种过程。化学工程与工业化学主要研究领域有：①化工热力学和基础数据，主要包括状态方程与溶液理论、相平衡、化学平衡、热力学理论及计算机模拟、化工基础数据；②传递过程，主要包括化工流体力学和传递性质、传热过程及设备、传质过程、颗粒学、非常规条件下的传递过程；③分离过程，主要包括蒸馏、蒸发与结晶、干燥与吸收、萃取、吸附与离子交换、机械分离过程、膜分离、非常规分离技术；④化学反应工程，主要包括化学反应动力学、反应器原理及传递特性、反应器的模型化和优化、流态化技术和多相流反应工程、固定床反应工程、聚合反应工程、电化学反应工程、生化反应工程、催化剂工程；⑤化工系统工程，主要包括化学过程的控制与模拟、化工系统的优化；⑥无机化工，主要包括基础无机化工、工业电化学、精细无机化工、核化工与放射化工；⑦有机化工，主要包括基础有机化工、精细有机化工；⑧生物化工与食品化工，主要包括生化反应动力学及反应器、生化分离工程、生化过程的优化与控制、生物催化过程、天然产物及农产品的化学改性、生物医药工程、绿色食品工程与技术；⑨能源化工，主要包括煤化工、石油化工、燃料电池、天然气及碳化工、生物质能源化工；⑩化工冶金；⑪环境化工，主要包括环境治理中的物理化学原理、"三废"治理技术中的化工过程、环境友好的化工过程、可持续发展环境化工的新概念；⑫资源化工，主要包括资源有效利用与循环利用、材料制备的化工基础。

近年来，从复杂体系中提炼出共性关键科学问题、逐步形成系统理论和关键技术，已成为化学工程与工业化学学科基础研究的主流，该领域研究内涵也出现了许多新的变化，主要表现在：从宏观性质测量和关联转向对微介观结构、界面与多尺度问题的研究、观测和模拟，并注重研究结构的优化与调控、过程强化和放大的科学规律；从对常规系统的研究拓宽到非常规和极端过程的研究；从化学加工过程拓展到化学产品工程等。

化学工程学以化学为基础，并结合物理学、数学及工业经济基本法则，研究化学工业中具有共同特点的物理和化学变化过程及其有关的机理和设备，找到其中具有规律性的问题，以求得在化工技术开发中减少盲目性，增加自觉性，以指导各种过程及其设备的改进和发展。它是化学加工技术的科学基础，是将实验室研究成果转化为现实生产力的强有力的工具和杠杆。

思　考　题

1. 在所介绍的化学各分支学科中，有哪些是你比较感兴趣的？

2. 如果选择化学专业，你认为将来自己会从事哪方面的研究？

3. 请访问中国化学会网站，了解国内化学工作者当年的活动情况，在此基础上写一篇简报。

4. 根据对化学各分支学科的简介，请举例说明中学化学的知识应该归属于哪个学科。

第 2 章　化学与工业

2.1　概　述

化学在改善人类生活方面是最有成效、最实用的学科之一。创造新物质是化学家的首要任务。现在，几乎所有的已知天然化合物以及化学家感兴趣的具有特定功能的非天然化合物都能够通过化学合成的方法来获得。合成化学为满足人类对物质的需求作出了极为重要的贡献。在人类目前已拥有的 1900 多万种化合物中，绝大多数是化学家合成的，这几乎相当于创造出了一个新的自然界。人类对物质需求的日益增加以及科学技术的迅猛发展，极大地推动了化学学科自身的发展，使化学形成了自己的完整理论体系。从化学和化学工业的关系来看，化学工业是化学的理论来源之一，化学又对化学工业给予理论指导，使化学工业为人类创造了更加丰富的物质。两者相互促进，日臻完善，不断发展。因而，化学的分支学科越来越多，与其相关的工业应用也应运而生。

在发达国家中，利用化学反应和过程来制造产品的化学工业的产值几乎都占有最大的份额，如在美国已超过 30%（不包括电子、汽车、农业等要用到化工产品的相关工业的产值）。在从事研究与开发的科技人员中，化学和化工专家占一半左右。全世界专利发明中有 20% 与化学和化工有关。

一般认为化学工业的定义分狭义和广义两种说法。从狭义上讲，一般按各国经济管理部门区分，如我国化学工业包括石油炼制和裂解工业、煤焦化和煤焦油工业、基本有机合成工业、合成高分子工业、氯碱工业、制酸工业、医药（中间体、合成药物和天然药物）工业、农药工业、肥料工业以及精细化学工业等；从广义上讲，化学工业是一个包含多个行业的工业部门，即生产过程中有化学反应的均属于化学工业的范畴，如冶金、陶瓷、酿酒等。

化学工业是以煤炭、石油、天然气、天然矿物、生物质等为原料生产有机和无机基本原料、合成材料、工业或农用化学品、精细与专用化学品的重要产业部门，同时也是一个多品种、多层次、配套性强、服务面广的基础产业。化学工业是技术密集型的产业，其发展是以科技进步为先导的。近几十年来，我国化工科技事业取得了很大的成就，一大批科技成果的开发成功以及在化工生产建设中的推广应用，有力地促进了化工行业的发展和整体技术水平的提高。

化工领域涉及的范围广，品种繁多，几乎渗透到国民经济和人民日常生活的所有领域。化学工业是国民经济的基础产业，是保证国民经济持续、稳定和健康发展的重要组成部分，为我国工业、农业、国防以及人民生活提供必要的保证，也是国家综合技术水平的标志之一。

由于篇幅所限，本章仅简单介绍石油化工、煤化工、精细化工和医药化工。

2.2　石油化工

石油化工（有时也称石油化学工业）是指化学工业中以石油为原料生产化学品的领域，广义上也包括天然气化工。石油化工是技术密集、资金密集的行业。在世界上，美国的石油化工是从 20 世纪 30～40 年代起步，其他发达国家，如德国、英国、法国、意大利和日本大都是在 60～70 年代石油化工才迅速发展起来的。在这些国家中，石油化学工业在其国民经济中都占有重要地位。第二次世界大战后，美国的经济繁荣、欧洲国家的经济复兴、日本的经济崛起以及近年来韩国的经济腾飞，石油化工都曾作为支柱产业之一，其发展速度要高于同期国民生产总值增长速度。我国近年来石油化工也有了很大的发展，生产能力和产品质量都持续稳定增长和提高。

2.2.1　石油化工的范畴

石油化工的范畴包括品种极多、范围极广的以石油及天然气为原料生产的化学品。石油化工作为一种最主要的有机化工生产过程，其原料主要为石油炼制过程产生的各种石油馏分、炼厂气以及油田气和天然气等，还包括乙烯、丙烯、丁二烯等烯烃以及苯、甲苯、二甲苯等芳烃和甲醇等。随着科学技术的发展，除了从上述原料出发，可生产各种醇、酮、醛、酸类及环氧化合物等，还可以加工生产合成树脂、合成橡胶、合成纤维等高分子产品以及精细化学品等。因此，石油化工的范畴已扩大到高分子化工和精细化工的大部分领域。

2.2.2　石油化工产品

石油化工产品众多，从化学加工来分，可分若干层次。第一层次产品是石油炼制后所得的基本有机原料，如乙烯、乙炔等；第二层次产品是对基本有机原料经化学合成生成其他有机化合物，如醇类等；第三层次产品是有机单体经过聚合反应而生成，如合成树脂与塑料、合成纤维、合成橡胶等高分子化合物。

合成树脂与塑料、合成橡胶和合成纤维这三大合成高分子材料是化学中具有突破性的成就，也是化学工业的骄傲。在此领域曾诞生了 3 项诺贝尔化学奖。1920 年 Staudinger 提出了高分子的概念，创立了高分子链型学说，以后又建立了高分子黏度与相对分子质量之间的定量关系，他因此获得了 1953 年诺贝尔化学奖。1953 年 Ziegler 成功地在常温下用一种新型催化剂将乙烯聚合成聚乙烯，从而发现了配位聚合反应。1955 年 Natta 通过改进 Ziegler 催化剂，实现了丙烯的定向聚合，得到了高产率、高结晶度的全同构型的聚丙烯，使合成方法—聚合物结构—性能三者联系起来，成为高分子化学发展史中一项里程碑。为此，Ziegler 和 Natta 共获了 1963 年诺贝尔化学奖。1974 年 Flory 因在高分子性质方面的成就也获得了诺贝尔化学奖。

（1）合成树脂与塑料。合成树脂是由低相对分子质量的化合物经过化学反应制得的高相对分子质量的树脂状物质，在常温常压下一般是固体，有的为黏稠状液体。塑料是可塑性材料的简称，以合成树脂或天然树脂为基本成分，在成型加工过程中的某一阶段能流动成型或借就地聚合或固化而定型，其成品状态为柔韧性或刚性固体，但又非弹性体。塑料的特点是质轻，具有耐磨、耐腐蚀、绝缘性好等性能。塑料的主要成分是树脂，占总质量的 40%～100%。生产合成树脂的基本原料常称为单体，单体的性质决定了大分子物质的基本特性，所以在命名和区分塑料时，在单体名称前面加"聚"字，就构成某种树脂或塑料的名称，如聚乙烯、聚丙烯、聚氯乙烯等。有时直接在单体简称的后面加"树脂"即可，如酚醛树脂、脲醛树脂、环氧树脂等。绝大多数塑料制造的第一步是合成树脂的生产，然后根据需要，将树脂（有时加入一定量的添加剂）进一步加工成塑料制品。有少数品种（如有机玻璃）其树脂的合成和塑料的成型是同时进行的。

通用塑料有五大品种，即聚乙烯（PE）、聚丙烯（PP）、聚氯乙烯（PVC）、聚苯乙烯（PS）及 ABS（A：丙烯腈，B：苯乙烯，S：丁二烯。三种单体共同聚合的产物），它们都是热塑性塑料。每个塑料制品身上都有一个小小身份证，一个三角形的符号，一般在塑料容器的底部。三角形里面有 1～7 的数字，每个数字代表一种塑料容器，它们的制作材料不同，使用范围和限制也不同。"1"号代表聚对苯二甲酸乙二醇酯（PET，俗称涤纶树脂），常用于制作矿泉水瓶、碳酸饮料瓶。饮料瓶使用时耐热至 70 ℃，只适合装暖饮或冻饮，装高温液体或加热则易变形，会有对人体有害的物质溶出。"2"号代表高密度聚乙烯塑料（HDPE），多用于制作盛放清洁用品、沐浴产品的容器。清洁不彻底，建议不要循环使用。"3"号代表聚氯乙烯（PVC），该材质的制品不能用于食品包装。"4"号代表低密度聚乙烯塑料（LDPE），为生产保鲜膜、塑料膜等常用材料。保鲜膜耐热性不强，加热分解，应避免使用保鲜膜包着食物表面进行加热。"5"号代表聚丙烯（PP），用于生产微波炉餐盒，是唯一可以放进微波炉的塑料盒，可在小心清洁后重复使用。"6"号代表聚苯乙烯（PS），常用于碗装泡面盒、快餐盒的生产，耐热、抗寒，但不能放进微波炉中，并且不能用于盛装强酸、强碱性物质，否则会分解出对人体有害的物质。"7"号代表聚碳酸酯（PC）类，PC是被大量使用的一种材料，尤其多用于制造奶瓶、太空杯等。目前，世界上许多国家已禁产、禁售含双酚 A 的 PC 塑料奶瓶。

（2）合成橡胶。合成橡胶是由人工合成方法而制得的，采用不同的单体原料可以合成出不同种类的橡胶。合成橡胶的生产工艺大致可分为单体的合成和精制、聚合过程以及橡胶后处理三部分。合成橡胶的基本原料是单体，主要有乙烯、丙烯、丁二烯、氯丁二烯、异丁烯、丙烯腈、异戊二烯等，精制常用的方法有精馏、洗涤、干燥等。聚合是单体在引发剂和催化剂作用下进行聚合反应生成聚合物的过程。合成橡胶的聚合工艺主要应用乳液聚合法和溶液聚合法两种。目前，采用乳液聚合的有丁苯橡胶、异戊橡胶、丁丙橡胶、丁基橡胶等。后处理是使聚合反应后的物料（胶乳或胶液）经脱除未反应单体、凝聚、脱水、干燥和包装等步骤，最后制得成品橡胶的过程。

（3）合成纤维。合成纤维是以石油、天然气为原料，通过人工合成高分子化合物后再经纺丝及后加工而制得的纤维，如涤纶等。生产涤纶的主要原料是对苯二甲酸或对苯二甲酸酯、乙二醇；生产腈纶的原料为廉价的石油裂解副产物丙烯与丙烯腈；生产丙纶的原料只需丙烯，是目前最廉价的合成纤维；维纶（性能接近棉花）是以性能稳定的乙酸乙烯为单体聚合，然后将生成的聚乙酸乙烯醇解得到聚乙烯醇。

2.3　煤　化　工

煤化工是指以煤炭为原料，经化学方法将煤炭转换为气体、液体和固体产品或半产品，而后进一步加工成化工、能源产品的工业。煤化工涉及煤的焦化、气化、液化及煤的化工制品等多个领域，并以冶金焦炭生产、合成氨造气和城市燃气工程为主要行业特征。煤化工开始于 18 世纪后半叶，19 世纪形成了完整的煤化工体系。进入 20 世纪，许多以农林产品为原料的有机化学品多改为以煤为原料生产，煤化工成为化学工业的重要组成部分。第二次世界大战以后，石油化工发展迅速，很多化学品的生产又从以煤为原料转移到以石油、天然气为原料，从而削弱了煤化工在化学工业中的地位。但随着世界石油资源不断减少，煤化工将有广阔的发展前景。

煤炭是一种碳含量高、但氢含量只有 5% 的固体。煤中有机质的化学结构是以芳香族为主的稠环单元核心，由桥键互相连接，并带有各种官能团的大分子结构。通过热加工和催化加工，可以将煤转化为各种燃料和化工产品。在煤化工可利用的生产技术中，炼焦是应用最早的工艺，并且至今仍然是化学工业的重要组成部分，其主要目的是制取冶金用焦炭，同时副产煤气和苯、甲苯、二甲苯、萘等芳烃。煤气化在煤化工中也占有重要的地位，用于生产城市煤气及各种燃料气，也用于生产合成气；煤低温干馏、煤直接液化及煤间接液化等过程主要生产液体燃料。

　　煤燃烧是获得能源的基本方式，世界上生产的煤主要用做电站和工业锅炉燃料。每年耗煤量约占总煤炭量的 1/3。煤不只是燃料，它还是多种工业的原料。煤炭的浪费表现在将优质煤作为劣质煤用，将可以用于其他工业用途的煤直接燃烧掉。李四光教授曾指出："像煤炭这种由大量丰富多彩的物质集中构成的原料，不管青红皂白一概当做燃料烧掉，这是无可弥补的损失"。根据德国的资料，煤中组分多达 475 种。用煤做原料制成的产品，其经济效益可大幅度提高。以用煤炼焦为例，除主要产品冶金焦炭外，还可获取煤焦油和焦炉煤气。煤焦油可以用来生产化肥、农药、合成纤维、合成橡胶、塑料、油漆、染料、药品、炸药等产品；焦炭除主要用于冶金外，还可用来制造氮肥。焦炉煤气可用于平炉炼钢和焦炉本身的燃料、城市煤气，也可作为化肥、合成纤维的原料。煤的气化、液化在煤的综合利用中更是重要内容。除了传统的焦化、气化以外，煤的燃烧、发电、合成、液化、煤化学加工等综合技术与相关产业的联合趋势已经呈现。综合利用煤炭资源、发挥区域优势、提高综合竞争能力的结构调整初见端倪。

2.3.1　煤化工技术开发

　　从资源角度看，煤将是潜在的主要化工原料。未来煤化工将在哪些领域，以什么速度发展，将取决于煤化工本身技术的进展以及石油供求状况和价格的变化。以下简单介绍几种煤化工技术。

　　(1) 煤气化-合成氨技术。通过煤气化-合成氨制造化肥是煤化工的一个技术领域。受国内石油和天然气资源制约，以煤为原料、采用煤气化-合成氨技术是我国化肥生产的主要方式，目前我国有 800 多家中小型化肥厂采用水煤气工艺，共计约 4000 台气化炉，每年消费原料煤或焦炭 4000 多万吨，合成氨产量约占全国产量的 60%。

　　(2) 以煤为原料生产甲醇及多种化工产品。煤通过气化可合成甲醇，世界甲醇生产能力为 3500 万 t/a。我国甲醇生产能力约为 300 万 t/a，生产企业 140 多家。煤炭是国内生产甲醇的主要原料，煤基甲醇产量占总产量的 70% 以上。甲醇是重要的基础化工原料，其下游产品有重要的化工产品乙酸、甲酸等有机酸类，醚、酯等各种含氧化合物，乙烯、丙烯等烯烃类，二甲醚、合成汽油等燃料类。今后甲醇消费仍然以化工需求为主，需求量稳步上升。另外甲醇还可以作为汽油代用燃料，主要方式以掺烧为主，局部地区示范和发展甲醇燃料汽车，消费量均有所增加。甲醇也可转化为甲醚替代液化石油气和柴油，或用于制造燃料电池等。因此，甲醇下游产品是未来大规模发展甲醇生产，提高市场竞争力的重要方向。

　　(3) 煤气化制甲基叔丁基醚。采用多组分催化剂可从合成气制备得到约含 60% 异丁醇和 40% 甲醇的混合物，异丁醇脱水成异丁烯，进而再反应合成得到甲基叔丁基醚，这是一条很值得重视的由天然气和煤为原料制取高辛烷值添加剂的技术路线。

（4）煤炭气化多联产技术。多联产是新型煤化工的一种发展趋势，所谓多联产系统就是指多种煤炭转化技术通过优化耦合集成在一起，以同时获得多种高附加值的化工产品（包括脂肪烃和芳香烃）和多种洁净的二次能源（气体燃料、液体燃料、电等）为目的的生产系统。它的意义是可以回收、利用废弃或排放的资源或能源，同时实现污染治理。例如，废渣制建筑材料，废气燃烧或转化生产电力、热力等，达到了煤炭资源价值利用效率和经济效益的最大化，满足了煤炭资源利用的环境最友好。还可以通过集成、优化不同工艺，提高整体效率和效益，如化工合成与联合循环发电联产。同时，灵活生产和适应市场需求，如生产电力、热力与生产液体燃料联产。

2.3.2　我国煤化工现状

近年来，我国炼焦、煤气化制合成氨和甲醇等煤化工业呈现快速发展。煤炭液化，甲醇制烯烃、二甲醚，煤化工联产等新型煤化工技术研究与工业化正在启动发展。煤变油是大家都广泛关注的项目，煤直接液化、间接液化的产品以汽油、柴油、航空煤油以及石脑油、烯烃等为主，产品市场潜力巨大，工艺、工程技术集中度高，是我国新型煤化工技术和产业发展的重要方向。新型煤化工以生产洁净能源和可替代石油化工的产品为主，如柴油、汽油、航空煤油、液化石油气、乙烯、丙烯、替代燃料（甲醇、二甲醚）等，它与能源、化工技术结合，可形成煤炭—能源化工一体化的新兴产业。

大力发展新型煤化工能源技术，是在我国经济快速发展进程中必须采取的符合全球经济一体化和可持续发展总体战略部署的重要措施，它既符合我国的资源条件，又能保证我国的安全和环境保护，从而促进社会的发展和进步。因此，未来煤化工的发展方向是在传统煤化工稳定发展的同时，加大力度发展可替代石油的洁净能源与化工品的新型煤化工技术，并建成技术先进、大规模、多种工艺集成的新型煤化工企业或产业基地。

目前，新型煤化工还处于发展初期，需要进行大量整体规划、技术研究、新工艺开发、系统优化集成等配套工作。国内煤炭大型企业集团是新型煤化工发展的主体。发展新型煤化工技术，建设新型煤化工产业对延伸传统煤炭产业链，提升和改造煤炭工业，建设新兴产业，实施可持续发展有重要战略意义，是煤炭工业走新型工业化道路的重要发展方向。

2.4　精 细 化 工

精细化学品是相对于一些大宗化学品而言的产品，因其有较强的专用性和较大的附加值，在某些国家称为专用化学品。精细化工就是指生产精细化学品的工业，是产品具有若干共同特点的一些化学工业门类的集合名称。在学科分类上，它既不同于由共同原料出发的石油化工或煤化工，又不同于合成技术上有其共性的高分子材料化工，是基于产品有若干共同特点的一种分类不十分严格的学科。

2.4.1　精细化学品分类

精细化学品又称精细化工产品，是指具有特定的应用功能、技术密集、商品性强、产品附加值较高的化工产品。精细化工产品的范围十分广泛，如何进行分类，目前国内外也存在着不同的观点。在化学上对化合物分类通常是按照结构分类，但由于同一类结构的产品，功能可以完全不同，应用对象也不同，因而对精细化工产品不便按结构分。如果按照大类属性分为精细无机化工产品、精细有机化工产品、精细高分子化工产品和精细生物化工产品四类，这种分类方法则又显得粗糙。目前国内外较为统一的分类原则是以产品的功能来进行分类，即医药、农药、合成染料、有机颜料、涂料、黏合剂、香料、食品添加剂、健康食品、化妆品、表面活性剂、肥皂、洗涤剂、印刷油墨、有机橡胶助剂、照相感光材料、催化剂、试剂、高分子絮凝剂、石油添加剂、兽药、饲料添加剂、纸及纸浆用化学品、塑料添加剂、金属表面处理剂、芳香消臭剂、汽车用化学品、杀菌防霉剂、脂肪酸、稀土化学品、精密陶瓷、功能性高分子、生化制品、酶、增塑剂、稳定剂、混凝土外加剂和有机电子材料等。如果从生产角度分类，精细化学品则可分为两大类，一类是以分子水平合成、提纯为主，结合少量的复制增效技术得到的有特定功能的化学品，如农药、染料、颜料、试剂和高纯物、信息化学品、食品和饲料添加剂、功能高分子材料等；另一类是以配方技术为主要生产手段，配方技术能左右最终使用功能的化学品，如涂料、洗涤剂、化妆品、香料、黏合剂等。

随着国民经济的发展，精细化学品的开发和应用领域不断开拓，新的门类不断增加，而且同类中的内容不断丰富。例如，仅催化剂又可包括炼油用催化剂、石油化工用催化剂、有机化工用催化剂、合成氨用催化剂、硫酸用催化剂、环保用催化剂和其他催化剂。助剂的种类更加多样，如：①印染助剂，包括净洗剂、分散剂、匀染剂、固色剂、柔软剂、抗静电剂、各种涂料印花助剂、荧光增白剂、渗透剂、助溶剂、消泡剂、纤维用阻燃剂、防水剂等；②塑料助剂，包括增塑剂、稳定剂、润滑剂、紫外线吸收剂、发泡剂、偶联剂、塑料用阻燃剂等；

③橡胶助剂,包括硫化剂、硫促进剂、防老剂、塑解剂、再生胶活化剂等；④水
处理剂，包括絮凝剂、缓蚀剂、阻垢分散剂、杀菌灭藻剂等；⑤纤维抽丝用油
剂，包括涤纶长丝用油剂、涤纶短丝用油剂、锦纶用油剂、腈纶用油剂、丙纶用
油剂、维纶用油剂、玻璃丝用油剂等；⑥有机抽提剂，包括吡啶烷酮系列、脂肪
烃系列、乙腈系列、糖醛系列等；⑦高分子聚合添加剂，包括引发剂、阻聚剂、
终止剂、调节剂、活化剂等；⑧表面活性剂，包括阳离子型、阴离子型、非离子
型和两性型表面活性剂等；⑨皮革助剂，包括合成鞣剂、加酯剂、涂饰剂、光亮
剂、软皮油等；⑩农药用助剂，包括乳化剂、增效剂、稳定剂等。

2.4.2　几种精细化学品简介

1. 染料

染料是指能使其他物质获得鲜明而牢固色泽的一类有机化合物，由于现在使
用的染料都是人工合成的，因此也称为合成染料。染料的用途基本上有三方面：
染色、着色和涂色。图 2.1 给出了部分类型染料的代表性分子结构。

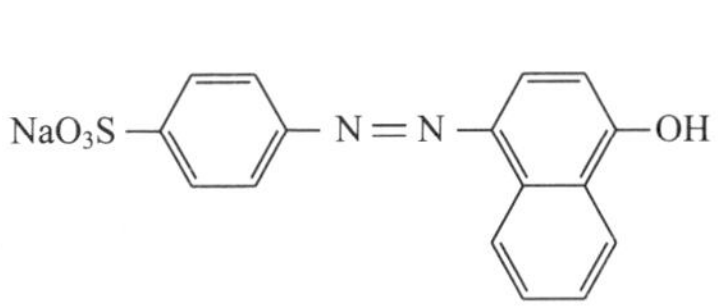

偶氮类染料 (酸性橙) 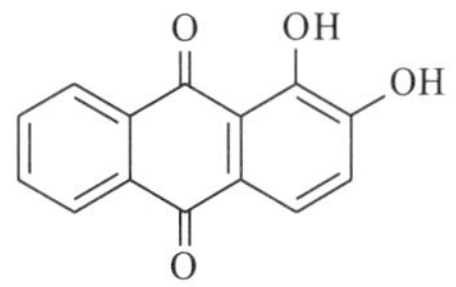　　　　　　　　　蒽醌类染料

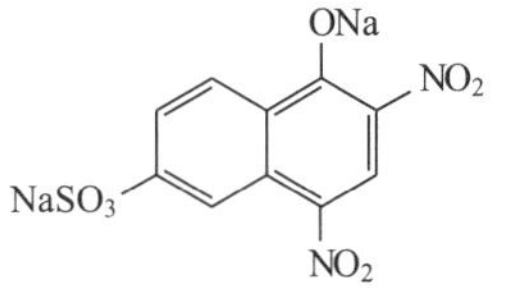

硝基和亚硝基类 (黄色酸性染料) 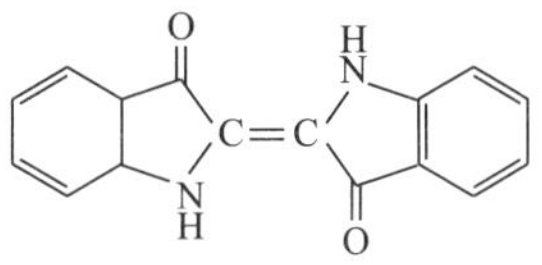　　　　　靛族染料

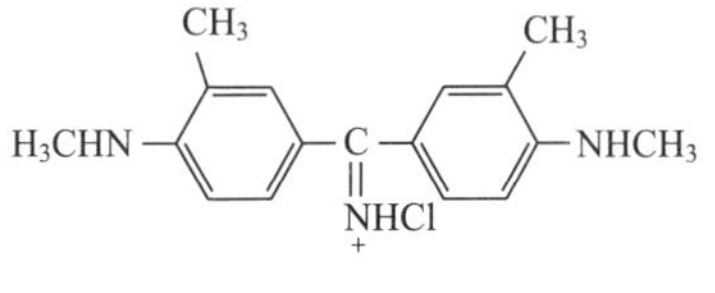

芳甲基类染料 (金胺G) 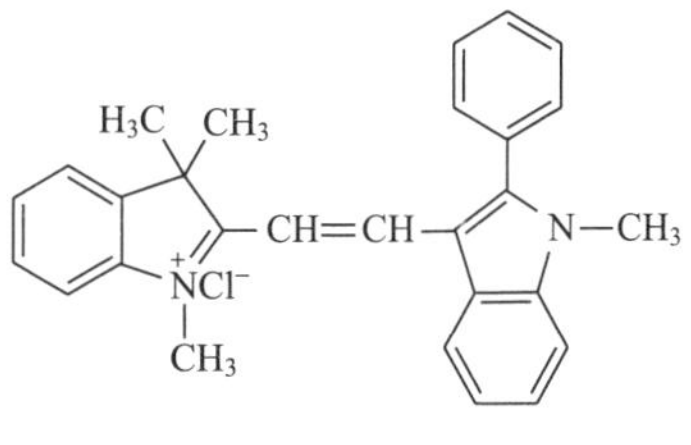　　　　　　　　菁系染料 (阳离子橙R)

图 2.1　部分类型染料的代表性分子结构

2. 荧光增白剂

织物、纸张漂白后，为了获得更加满意的白度，或者某些浅色印染织物要增加鲜艳度，通常采用能发荧光的无色化合物进行加工，这种化合物称为荧光增白剂。荧光增白剂自身无色，在织物上不但能反射可见光，同时还能吸收日光中的紫外光，而发射波长为 $415\sim466$ nm，即紫蓝色的荧光，正好同织物原来反射出来的黄光互为补色，相加而成白光，使织物具有明显的洁白感。由于荧光增白剂发射荧光，织物总的可见光反射率较原来增大，故也提高了亮度，使织物的白度比一般漂白或上蓝过的更为悦目。荧光增白剂用于浅色织物，也同样使亮度增加而起增艳作用。荧光增白剂是利用光学上得到补色作用来增白，因此又可称为光学增白剂。图 2.2 给出了部分类型的荧光增白剂的分子结构。

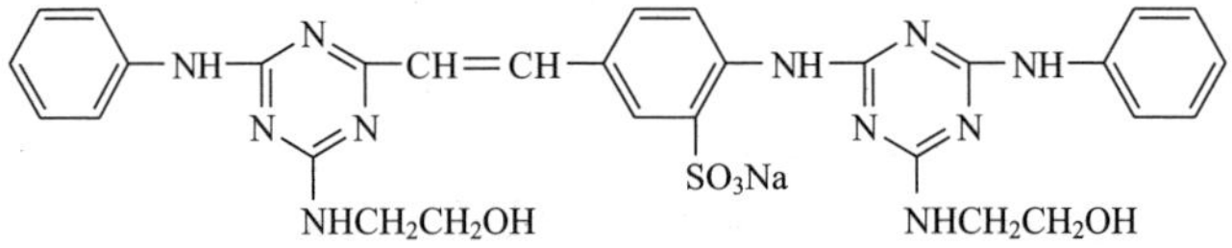

二苯乙烯型荧光增白剂 (VBL)

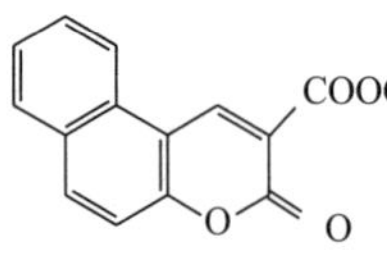

香豆素型荧光增白剂 (PEB) 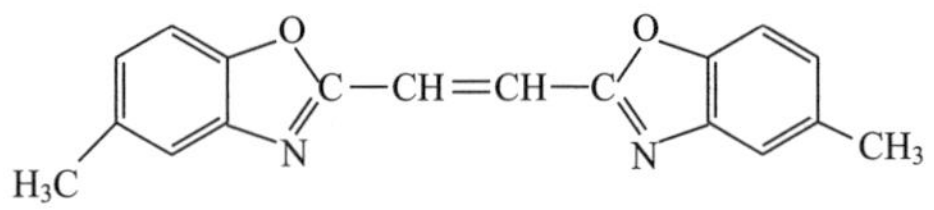　　　　　唑型荧光增白剂 (DT)

图 2.2　部分类型的荧光增白剂的分子结构

3. 有机颜料

有机颜料为不溶性的有色有机物，它不溶于水，也不溶于使用它们的各种底物中。有机颜料与染料的差别在于它与被着色物体没有亲和力，只有通过胶黏剂或成膜物质将有机颜料附着在物体表面，或混在物体内部，使物体着色。有机颜料种类也很多，主要有偶氮类、异吲哚类、酞菁类等。

4. 表面活性剂

水溶性表面活性剂的分子结构都具有不对称、极性的特点，分子中同时具有亲水基和亲油基。亲油基又称疏水基，它们都含有长短不同的烃链—$(CH_2)_n$—，有的有支链或者被杂原子或环状原子团所中断，一般可从石油化工或油脂产品中获得。亲水基是容易溶于水或易于被水所湿润的原子团，如羧基、磺酸基、硫酸酯基、醚基、氨基、羟基等。

表面活性剂的分类有多种方法，但常用的方法是按离子的类型分类。

（1）阴离子型表面活性剂。这类表面活性剂溶于水后生成离子，其亲水基团为带有负电的原子团。它按亲水基不同又分为脂肪羧酸酯类、脂肪醇硫酸酯类、烷基磺酸酯类、烷基芳基磺酸酯类和磷酸酯类等。

（2）阳离子型表面活性剂。这类表面活性剂溶于水后生成的亲水基团为带正电荷的原子团。按其化学结构又可分为伯胺盐、仲胺盐、叔胺盐和季铵盐。

（3）非离子型表面活性剂。这类表面活性剂在水中不会离解成离子，自然也不带电荷。按其化学结构不同，又可分为脂肪醇聚氧乙烯醚、烷基酚聚氧乙烯醚、酯型和脂肪胺等类型。

（4）两性表面活性剂。广义地说，这类表面活性剂是指同时具有阴离子、阳离子或同时具有非离子和阳离子或非离子和阴离子的，有两种离子性质的表面活性剂的总称。但习惯上所说的两性表面活性剂是指由阴、阳两种离子所组成的表面活性剂。这种两性表面活性剂中，结构上同时存在着性质相反的离子，在水中同时带有正、负电荷，在酸性溶液中呈阳离子表面活性剂，在碱性溶液中呈阴离子表面活性剂，在中性溶液中呈非离子表面活性剂。按其化学结构又可分为氨基酸型和甜菜碱型。

表面活性剂除了能降低表面张力，从而引起湿润、渗透、分散、乳化、起泡、洗涤等基本性质外，还有各种派生的性能，可用做纤维的柔软整理剂、抗静电整理剂、杀菌剂、匀染剂和防水整理剂等。

5. 香料

香料也称香原料，是能被嗅感嗅出气味或味感品出香味的物质，是用以调制香精的原料。除了个别品种外，大部分香料不能单独使用。香料分为天然香料和人造香料，其中天然香料包括动物性天然香料和植物性天然香料。人造香料包括单离香料及合成香料。

（1）动物性天然香料。动物性天然香料是动物的分泌物或排泄物，最常用的有四种，即麝香、灵猫香、海狸香和龙涎香，它们的分子结构如图 2.3 所示。

（2）植物性天然香料。植物性天然香料是从芳香植物的花、草、叶、茎、果、根、皮等组织中提取出来的有机混合物。大多数呈油状或膏状，少数呈树脂状或半固态。根据产品的形态和制法，通常称为香精、浸膏、净油、香脂或香树脂、酊剂等。

（3）单离香料。单离香料就是从天然香料（以植物性天然香料为主）中分离出比较纯净的某种特定的香成分，广泛用于日化、医药、食品、烟酒等香精的配制。单离香料的生产方法主要有蒸馏法、冻析法、重结晶法和化学处理法。

（4）合成香料。合成香料是以石油化工和煤化工的基本原料出发，按照一定的合成路线，通过多步化学反应得到的香料化合物。

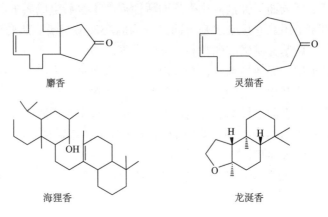

麝香　　　　　　　　　　　　　　灵猫香

海狸香　　　　　　　　　　　　　　龙涎香

图 2.3　动物性天然香料

6. 化妆品

化妆品根据产品工艺和配方特点可分为多种类型，如薄膜状化妆品、悬浮状化妆品、粉状化妆品、油状化妆品、胶态化妆品、液状化妆品、喷雾状化妆品、膏状化妆品、块状化妆品、透明状化妆品、珠光状化妆品及笔状化妆品等。

化妆品根据产品的不同用途可分为三类，即皮肤用的化妆品类、毛发用的化妆品类和口腔卫生用的化妆品类。而每类又可分为清洁用、保护用、美容用、营养及日常治疗用。

化妆品是由各种不同作用的原料经配方加工而制得的产品。化妆品所用的原料虽然品种很多，但按其用途和性能，可分为两大类：基质原料和辅助原料。

（1）基质原料。组成化妆品的原料称为基质原料，它在化妆品配方中占有较大的比例。由于化妆品的种类繁多，采用的原料也很复杂，代表性的原料有油脂、蜡类原料、粉类原料和香水类原料。

（2）辅助原料。使化妆品成型、稳定或赋予化妆品以色、香及特定作用的原料称为辅助原料。它在化妆品的配方中占的比例不大，但极为重要。辅助原料包括乳化剂、香精、色素、防腐剂、抗氧剂等。

2.4.3　精细化工的特点

综上可知，精细化工产品的品种繁多。生产技术上所具有的共同特点有以下五点：

（1）品种多、更新快，需要不断进行产品的技术开发和应用开发，所以研究开发费用很大。例如，医药的研究经费常占药品销售额的 $8\%\sim10\%$，这就导致技术垄断性强、销售利润率高。

（2）产品质量稳定，对原产品要求纯度高，复配以后不仅要保证物化指标，而且更注意使用性能，经常需要配备多种检测手段进行各种使用试验。这些试验的周期长、装备复杂，不少试验项目涉及人体安全和环境影响。因此，对精细化工产品管理的法规、标准较多，如药典、农药管理法规等。对于不符合规定的产品，国家往往限令其改进以达到规定指标或禁止生产。

（3）精细化工生产过程与一般化工生产不同，它的生产全过程不仅包括化学合成（或从天然物质中分离、提取），而且还包括剂型加工和商品化，由两个部分组成。其中化学合成过程多从基本化工原料出发，制成中间体，再制成医药、染料、农药、有机颜料、表面活性剂、香料等各种精细化学品。剂型加工和商品化过程对于各种产品来说是配方和制成商品的工艺，它们的加工技术均属于大体类似的单元操作。

（4）大多以间歇方式小批量生产。虽然生产流程较长，但规模小，单元设备投资费用低，需要精密的操作技术。

（5）产品的商品性强，用户竞争激烈，研究和生产单位要具有全面的应用技术，为用户提供技术服务。

2.4.4　精细化工在国民经济中的地位

精细化工是与经济建设和人民生活密切相关的重要工业部门，是化学工业发展的战略重点之一。

1. 精细化工与农业的关系

农业是国民经济的重要命脉，高效农业成为当今世界各国农业发展的大方向。高效农业中需要高效农药、兽药、饲料添加剂、肥料及微量元素等。单就农药，它包括各种杀虫剂、杀菌剂、杀鼠剂、除草剂、植物生长调节剂及生物农药等。全世界每年因病虫害造成粮食损失占可能收获量的 1/3 以上。使用农药后所获效益是农药费用的 5 倍以上。使用除草剂其效益是物理除草的 10 倍。兽药和饲料添加剂可使牲畜生病少、生长快、产值高、经济效益好。

2. 精细化工和人民生活的关系

人类的生存与生存质量与精细化工息息相关。增加粮食产量，需要多种高效低毒的农药、植物生长调节剂、除草剂、复合肥料；抵抗疾病需要多种医药、抗生素；服装、丝绸工业需要高质量的染料、纺织助剂、颜料；美化环境、改善居住条件需要不同的涂料、黏合剂。当今社会人们的生活水平越来越高，由原先的生活必需品增加到现在许多的高档消费品。各种用品讲求高质量、低价位。单就化妆品一项，其品种可谓琳琅满目、百花争妍。美容、护肤、染发、祛臭、防晒、生发、面膜、霜剂、粉剂、膏剂、面油、手油、早用品、晚用品、日用品等不胜枚举。家用卫生品也是争奇斗艳，过去的洗涤品只有肥皂、洗衣粉等几种，现在仅家用清洗剂就有：餐具洗洁净、油烟机及厨具清洗剂、玻璃擦净剂、地毯清洗剂等，还有冰箱用、卫生间用、鞋用等除臭剂，家用空气清新剂等。

　　3. 精细化工与高技术领域的关系

　　精细化工产品种类多、附加值高、用途广、产业关联度大，直接服务于国民经济的诸多行业和高新技术产业的各个领域。从功能角度来说，各种具有热学、机械、磁学、电子与电学、光学、化学与生物等性能的功能材料都与精细化学品有关。例如，在航空工业中，巨型火箭所用的液态氧、液态氢储箱是用多层保温材料制造，这些材料难以用机械方法连接，而是采用了聚氨酯型和环氧-尼龙型超低温胶黏剂进行黏接。大型波音客机所用的蜂窝结构以及玻璃钢和金属蒙面结构也都离不开胶黏剂。

　　材料的复合化可以集合各自的优点，从而满足许多特殊用途的要求。继玻璃纤维增强塑料以后，又研究开发出碳纤维、硼纤维和聚芳酰胺纤维等增强型塑料复合材料，在宇航和航空中，特别需要这种轻质高强度耐高温材料。过去，火箭喷管的喉部是用石墨制造的，但随着火箭的大型化，用石墨制造就困难了，于是出现了相对密度更小的耐热复合材料，如以碳纤维或高硅氧纤维增强酚醛树脂作喉衬，以玻璃纤维增强塑料作结构部分。美国的阿波罗宇宙飞船着陆用发动机的燃烧室就是采用这些复合材料制造的。

2.4.5　精细化工面临的机遇

　　由于精细化工生产的多为技术新、品种替换快、技术专一性强、垄断性强、工艺精细、分离提纯精密、技术密集度高、相对生产数量小、附加值高并具有功能性、专用性的化学品，因此许多国内外的专家学者把21世纪的精细化工定位为高新技术。

　　随着世界和我国高新技术的发展，不少高新技术，如纳米技术、信息技术、现代生物技术、现代分离技术、绿色化学等，将和精细化工相融合，精细化工为高新技术服务，高新技术又进一步改造精细化工，使精细化工产品的应用领域进一步拓宽，产品进一步高档化、精细化、复合化、功能化，向高新精细化工方向发展。所以各种高新技术的良性互动是精细化工面临的又一良好机遇。国内外的专家学者和有识之士一致认为精细化工在中国应该是朝阳产业，前途无量。

　　精细化工发展的战略目标是高科技领域的开发研究。世界各国现在都在大力发展精细化工，我国近年来在精细化学品的开发、生产和应用上已取得可观的成就，科研、设计和生产管理的技术队伍力量比较雄厚且正在迅速成长，但无论品种、质量还是技术水平还不能满足目前各行各业的需要，每年的进口额度很大。因此，我国今后发展精细化工的任务还很艰巨。

　　发展精细化工关键是开发创新精细化学产品，同时也包括提高产品质量和产品用途，向高新技术方向渗透并与高新技术产品结合。精细化工新产品的创新过程一般遵循以下步骤：根据学科发展和市场信息选定要研究的课题；运用基础理论并依据已往文献成果和本身实践积累提出解决问题的新思维；在新思维的指导下（必要时运用计算机辅助）进行分子结构初步设计，设计合成方案，合成出大量化合物（包括合成、分离、提纯、鉴定等）；对合成出的化合物进行应用性能测试及初选；从初选出的性能较好的化合物（活性先导物）中找出共有的关键性结构，对活性先导物结构进行分子修饰后，再进行合成、测试，经多次循环至性能符合目标要求；条件优化（包括对已经优化确定结构的分子的合成工艺最优化、应用工艺最优化）；新产品鉴定及其应用推广。在上述过程中，关键在于提出新思维，这需要大量的实践经验、理论基础和正确的思维分析方法。

　　开展创新研究要求研究人员对本专业发展现状和背景有清楚的了解，具有深厚的理论基础和分析问题、解决问题的能力，扎实的实验基础以及产品应用知识，这样才能从设计和合成的成百上千个化合物中选出一个较好的、创新的和实用的精细化学品。该项工作难度大，成功率低，但是一旦成功，并进行艰苦的应用推广，为社会所接受，将会收到极好的效果。我国亟需培养这方面的人才，因为先要有优秀人才才能有优秀的产品。学校的基础研究往往就是培养学生创造性的最好方式，可以说工业研究最需要的是有创造性才能的、有基础研究水平的应用研究人员。学校是进行基础研究和培养有创造能力人才的摇篮，这就给化学专业的学生提供了施展才华的机会。

2.5　医药化工

　　现代医药工业包括化学合成、生物化学制药、植物提取以及成药的加工生产，这既有原料工业，又有加工工业。医药工业生产技术复杂，工艺流程长，产品种类繁多，质量要求严格，是技术密集型工业。药品生产的发展速度往往高于其他许多产品的增长速度，医药工业是一个具有巨大社会效益和经济效益的产业，历来是发达国家和著名企业竞争的热点。

　　药品生产是从传统医药开始的，后来演变到从天然物质中分离提取天然药物，进而逐步开发和建立了化学药物的工业生产体系，即医药化工。

化学药品的生产过程由原料药生产和药物制剂生产两部分组成。原料药是药品生产的物质基础，但必须加工制成适合于服用的药物制剂，才成为药品。在我国，制药工业还包括传统中药的生产。制药工业既是国民经济的一个部门，又是一项治病、防病、保健、计划生育的社会福利事业。

2.5.1　发展简况

天然药物有效成分的发现和提取促进了人类医药学的发展。人们对化学药物的研究最初是从植物开始的。19世纪初，科学家先后从传统的药用植物中分离得到纯的化学成分，如从鸦片中分离出了吗啡，从金鸡纳树皮分离得到了奎宁，从颠茄中分离出了阿托品，从茶叶中分离得到了咖啡因等。天然药物有效成分的发现和提取促进了人类医药学的发展。然而，天然药物总是受自然条件的限制，有些化合物在动植物体内含量很少，分离提纯困难、烦琐、成本高。为了得到疗效好、纯净、廉价的药品，人们不得不考虑设计、制造新的化学合成药。

20世纪初前后，由于植物化学和有机合成化学的发展，根据植物有效成分的结构以及构效关系合成了许多化学药物，促进了药物合成的发展。例如，根据柳树叶中的水杨苷和某些植物的挥发油中的水杨酸甲酯合成了阿司匹林（乙酰水杨酸）和水杨酸苯酯；根据吗啡合成了哌替啶和美沙酮。在这种情况之下，许多草药的有效成分成了合成化学药物的模型［先导化合物（lead compound）］，根据天然化合物的构效关系简化结构，合成了大量自然界不存在的人工合成药物，这些合成药成为近代药物的重要来源之一。另外，由于19世纪末染料化学工业的发展和化学治疗学说的创立，药物合成突破了仿制和改造天然药物的范围，转向了合成与天然产物完全无关的人工合成药物。制剂学也逐步发展为一门独立的学科，医药化工业初步形成。一系列磺胺类药物的发明成为化学药物治疗的新里程碑，从此人类有了对付细菌感染的有效武器。青霉素的发现和分离提纯以及不久实现的深层发酵生产，使人类有了对付细菌性感染更为有效的武器，β-内酰胺类抗生素得到飞速发展。然后许多抗生素，如链霉素、土霉素、氯霉素、四环素等相继出现，并投入生产和应用，化学药物治疗的范围日益扩大，已不限于细菌感染所致的疾病。1940年Woods和Fildes抗代谢学说的建立，不仅阐明了抗菌药物的作用机制，也为寻找新药开拓了新的途径。例如，根据抗代谢学说发现了抗肿瘤药、利尿药和抗疟药等。20世纪50年代后，甾体类药物、维生素类药物实现了工业化生产，氯丙嗪的发现使得精神神经疾病的治疗取得突破性进展。20世纪60年代6-氨基青霉烷酸（6APA）的分离成功，为一系列半合成青霉素的开发创造了有利条件，新型半合成抗生素工业崛起。头孢菌素C的发现推动了头孢菌素类药物的开发，这类合成药物的发展在20世纪以来特别快，在临床上已占有很大比例。20世纪70年代，钙拮抗剂、血管紧张素转化酶（ACE）抑制剂和羟甲戊二酰辅酶A（HMG-COA）

抑制剂的出现，为临床治疗心血管疾病提供了许多有效药物。20 世纪 80 年代初诺氟沙星用于临床后，迅速掀起喹诺酮类抗菌药的研究热潮，相继合成了一系列抗菌药物。这类抗菌药物的问世被认为是合成抗菌药物发展史上的重要里程碑。其后，各种抗结核药、降血压药、抗心绞痛药、抗精神失常药、合成降血糖药、安定药、抗肿瘤药、抗病毒药和非甾体消炎药等相继出现，进一步推动了制药工业的发展。对化学制药工业曾作出贡献的还有胰岛素和其他生物化学药的提取和精制，激素的人工合成和生产。目前，随着新试剂、新技术、新理论的应用，创新药物向疗效高、毒副作用小、试剂量少的方向发展，这对化学制药工业发展有着深远的影响。

2.5.2　化学药品的类型

化学药品根据其原料来源和生产方法的不同，可分为植物化学药、化学合成药、抗生素、半合成抗生素、生物化学药等。大多数国家将生物制品，如血清、疫苗、血液制品等也列入制药工业范畴。此外，兽药也属于制药工业的产品。化学药品通常按治疗用途和药理作用分类，约有 30 个大类，如抗感染药、抗寄生虫病药、解热镇痛药、麻醉药、心血管系统用药、激素类和计划生育用药等。

2.5.3　医药化工的生产特点

原料药品种众多，其生产方法各不相同，有全合成法、分离提纯法、发酵法兼用提炼技术、合成法兼用生物技术等，也有发酵产品再进行化学加工。

主要采用原料药生产的医药化工的一般特点是：生产工艺复杂、流程长，对工艺和设备等方面有严格的要求，原辅材料和生产过程中的中间体多是易燃、易爆、有毒或腐蚀性较强的物质，对劳动保护及防火、防爆要求严格，对原料、中间体和产品质量标准要求高，部分工艺路线产品净收率较低、副产品多、"三废"也多，部分药物品种更新较快。但总体上讲，新药开发的难度大、投资高、研发周期长。制剂生产则对人员、厂房、设备、检验仪器和环境以及各种必需的制剂辅料和适用的内、外包装材料要求严格。

2.5.4　新药研发的过程

进行医药化工研究特别是新药的研发，需要综合应用有机化学、分析化学、物理化学、药物化学、化工原理和化工设备等学科的理论和知识，研究药物的合成路线、合成原理、工业生产过程及实现生产最优化的一般途径和方法。新药开发同时涉及化学、化工、生物学、实验动物学、药理学、毒理学、组织学、药剂学、临床医学以及法规、销售学等，并要按照先后次序接力式或交叉进行，工作量大，周期长，是一项庞大复杂的系统工程。

当今国际上化学合成药物的研究、开发大致有三种类型：一种是创制具有新颖化学结构的新药，即突破性新药，这需要借助于科学理论或某些可靠的线索，从医疗需要出发设计出具有某种性能的分子结构，然后再设法合成大量新化合物，寻找有突破性疗效、副作用小的新化学结构分子。这种研究工作难度大、投资风险高、成功率低，但是如果能够取得成功，将会使化学药物治疗前进一大步，经济效益很好，实力雄厚的大型医药化工公司都以此为主攻方向。第二种类型是模仿性新药的研究开发，即在不侵犯别人专利权的情况下，对新出现的成功的突破性新药进行较大的分子改造，寻找作用机制相同或相似，并在治疗上具有某些长处的新体系。第三种类型是延伸性新药的研究开发，针对已知药物（包括药用植物的有效成分和抗生素等）的缺陷或不足，通过化学方法创造疗效更好、安全性更大、给药方便、稳定性高的药物，半合成抗生素的诞生就是成功的例子。

　　由于高效药物的存在和药政法规的日趋严格，要找到一个较原有药物更具特点的新药越来越困难。一种新药从开发到上市要花 10 年左右的时间，成功率为万分之一，创制成本约需数亿美元。目前，美国、日本、德国等发达国家每年的化工科研经费将近 50% 用于新药的开发。

　　在新药创制中，首先是通过筛选，发现先导化合物，合成一系列目标化合物，优选出最佳的有效化合物；其次是对被认为有开发前景的有效化合物进行深入的药效学、毒理学、药代动力学等药理学研究、化学稳定性研究和药物剂型、生物利用度等药剂学研究。在后一阶段，要合成一定数量的有效化合物，供实验应用，所需数量通常较少，即使开始进入临床试用阶段〔称为研究性新药（IND）〕，用量也不大。这个阶段一般是讲究速度而不太讲究经济效益，通常只注重产品质量、稳定性、药效等。化学合成也只是在实验室规模进行。当 IND 在临床实验中显示出优异疗效和优良性质之后，就要加紧进行生产研究，并根据社会的潜在需要确定生产规模。这时必须把药物工艺路线的工业化、最优化和降低生产成本放在首位。

　　药物工艺设计首先应从剖析药物的化学结构入手，药物的化学结构剖析应分清主要部分（主环）和次要部分（侧链）、基本骨架和功能基，然后根据结构特点采取相应的设计方法，找出易拆键部位，考虑基本骨架的组合方式、形成方法，功能基的引入、变换、消除与保护等。手性药物还必须同时考虑其构型的要求和不对称合成等问题。例如，苯丙酸类抗炎药，当前常见的有布洛芬、酮洛芬、萘普生和苯氯布洛芬钙等 20 余种，它们共有的化学结构为 α-甲基芳香乙酸衍生物，都含有手性碳原子，一般在体内可由 R 型转化为 S 型。

　　在化学制药工业生产中，首先是工艺路线的设计和选择，以确定一条最经济、最有效的生产工艺路线。药物生产工艺路线是药物生产技术的基础和依据，它的技术先进性和经济合理性是衡量生产技术水平高低的尺度。药物工艺路线设计应针对药物化学结构和生产条件等不同特点，因地制宜地将它们结合起来考虑。结构复杂、化学合成步骤较多的药物，工艺路线设计和选择尤其重要，必须探索工艺路线的理论和策略，寻找化学合成药物的最佳途径，使其适合于工业生产，同时还必须认真地考虑经济问题。合成同一种药物由于采用的原料不同，其合成途径与工艺、"三废"治理等不同，产品质量、收率和成本也不同。化学合成药物一般由化学结构比较简单的化工原料经过一系列化学合成和物理处理过程制得，在多数情况下，一个化学合成药物往往可有多种合成途径，如布洛芬的合成路线可有 25 条之多。通常将具有工业生产价值的合成途径称为该药物的工艺路线。

　　理想的药物合成工艺路线应该是：原辅材料价廉易得；化学合成途径简单，条件易于控制，操作简便，可多步反应连续操作；中间体易分离、纯化；设备条件要求不苛刻；"三废"少并且易于治理；产品易纯化达到药用标准；收率最佳、经济效益最好。

　　化学结构测定中的一些有关资料以及前人对该药物所进行的有关合成工作对设计工艺路线也很重要。在用降解法测定化学结构时，某个降解产物很可能被考虑作为该药物的关键中间体。因为在降解过程中，常需要从降解产物合成为原来的药物，确证它们之间的结构联系。特别是某些天然药物的合成可简化为它的某个关键中间体的合成。

　　例如，樟脑的合成中，得知其降解产物为樟脑酸（1-2）后，可设计为二羧酸化合物（1-3）再转变为樟脑，如图 2.4 所示。因此，先需要考虑合成樟脑酸（1-2）的方法。

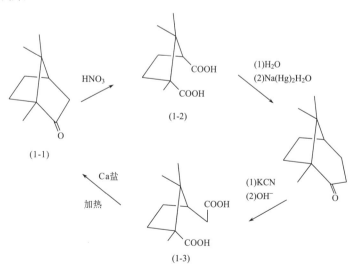

图 2.4　樟脑合成过程

2.5.5　我国现代医药化工的发展现状

医药化工行业是我国最早对外开放的行业之一，也是利用外资比较成功的行业。目前，世界排名前 20 位的制药公司都已在我国投资建厂。我国 40％左右的制药企业有合资项目。我国的化学制药工业经过几十年的苦心经营，取得了较大的成就，已经成为全球化学药强国之一。目前我国能生产化学药品制剂 34 个剂型、4000 余个品种，其中化学原料药品种达 1783 个，产值 737 亿元，产量 32.54 万 t。青霉素、维生素 C、维生素 B 各占世界总产量的 20％～30％。在世界卫生组织（World Health Organization，WTO）颁布的 230 个基本药物中，约有 90％的品种已在我国生产。

技术进步没有止境，一个产品只要有市场，就应不间断地研究其生产技术。化学原料药特别是大宗化学原料药的生产技术需要合成化学、化学工程、化工设备和环境保护等学科通力合作才能实现。先进的化学合成方法是规模化生产的前提。化学药品不同于其他一些工业产品，虽然更新换代快，但其中一些产品生存期非常长。19 世纪 90 年代问世的阿司匹林和扑热息痛仍保持旺盛的生命力，其他如维生素、甾体激素、青霉素也如此。我们应不断地研究改善其生产技术，使之完善。这些品种量大，即使细小的技术进步，也会带来可观的经济效益。

但是目前我国以企业为中心的技术创新体系尚未形成，医药科技投入不足，新药创新基础薄弱，缺少具有自主知识产权的新产品，医药技术创新和科技成果迅速产业化的机制尚未完全建立，产品更新慢。我国自主创制、拥有自主知识产权的一类新药至今只有 60 多个品种，仅占我国批准新药的 21％。化学原料药中 97％的品种是"仿制"产品。低档次与低附加值产品多，高技术含量与高附加值产品少；重复生产品种多，独家品牌少。对药物制剂技术开发研究不够，我国平均一种原料药只能做成 3 种制剂，而国外一种原料药能做成十几种甚至几十种制剂。

针对当前我国化学药品生产所面临的新形势，首先在战略上要把化学药品研究从"仿制"为主转变到以创新为主的轨道上来。创制新药的指导思想是以创制新药为重点，以与国际规范接轨为向导，以国际市场为目标，坚持高起点、高技术、高效益，实现药品系列化、规范化、产业化、国际化。

现有条件下我国在新药研究与开发方面难与一些跨国公司抗衡，但在非专利化学药品生产方面则可与之竞争。目前非专利化学原料药国际市场竞争日趋激烈，要在这一市场上取得一席之地，必须提高劳动生产率，拥有创新的先进技术路线、生产工艺和高效率的生产线，具备经济合理的生产规模，这样方能立于不败之地。

思 考 题

1. 化学与化工的关系是怎样的?

2. 你认为石油化工和煤化工的发展前景如何?

3. 哪些精细化工产品对你日常生活影响比较大?

4. 你对新药的研发过程有哪些了解? 在所接触到的药物中, 有哪些你了解其化学组成?

第3章 化学与农业

3.1 概　　述

化学与农业生产有着密切的关系，化学的研究成果为农业生产过程建立了科学基础，并为其技术改进创造了条件。在农业生产中，化学肥料的生产与使用、农药的生产与病虫害防治、农产品分析与环境保护、测土配方施肥、病毒的控制与作物防疫、激素和除草剂的使用、粮食增产以及农产品加工等都要求化学能提供理论依据和解决问题的途径。

化学与农业科学也有密切的关系。生物学、土壤肥料学、微生物学、遗传学、作物病虫害防治学、作物栽培、农产品加工学等都需要以化学理论为指导，化学知识为基础，化学计算和实验方法为依托。所以，化学是农业教育中一门重要的基础课。只有学好化学，才能更进一步地学习和掌握农科专业的知识和技能。

人们普遍认为，生物技术或生物工程（包括酶工程、发酵工程、基因工程、细胞工程等）将成为21世纪高新技术产业的支柱，如生物农药、生物育种、分子克隆等高新技术。但是这些技术的发展都离不开化学，化学已逐步深入到细胞内部研究生物物质的代谢过程，使人们有可能从分子水平认识生命的本质，建立"分子生物学"的新时代。

本章从化学肥料、化学农药、农副产品的生物化工及生物质资源化利用几个方面，简单介绍化学对农业的重要贡献。

3.2 化学肥料

据报道，近几十年来，世界粮食增长一倍，这主要是通过提高单产而获得的，其中施用化肥贡献增产的 40%～50%。可见化肥为粮食增产作出了极其重要的贡献。

追溯起来，是化学及化学家帮助农业领域查明了一般的作物正常生长发育必需的 16 种营养元素，它们是：大量营养元素——碳、氢、氧、氮、磷、钾，中量营养元素——硫、钙、镁，微量营养元素——硼、钼、铁、锰、铜、锌、氯。当某种或几种营养元素缺乏时，就会造成作物减产或品质变差或病变，这就需要及时施用肥料。那么，什么是肥料呢？凡是为提高作物产量、品质和土壤肥力而施入土壤的物质都称为肥料。直接供给作物所需营养成分的肥料称为直接肥料，如氮肥、磷肥、钾肥、微量元素肥、复混肥等。而另一类主要用于改良土壤物理性状、化学性质和生物性质，从而改善作物生长条件的肥料称为间接肥料，如微生物肥。然而，有些肥料兼具这两种功能，如有机肥和有机-无机复混肥。在肥料中，化学肥料是最重要的，简单地说，化学肥料就是用化学方法生产的肥料，包括工业生产的一切无机肥和缓释肥。

肥料的制造技术和品种改良技术也是化学家发明的，典型的代表是合成氨及尿素合成技术。目前在我国常用的化学肥料有以下四类。

（1）氮肥：主要品种有尿素、硫酸铵、氯化铵、碳酸氢铵、硝酸铵、硝酸铵钙、尿素硝铵溶液、合成氨、液氨等。

（2）磷肥：主要品种有磷酸一铵、磷酸二铵、普通过磷酸钙、重过磷酸钙、钙镁磷肥和硝酸磷肥等。

（3）钾肥：主要品种有氯化钾、硫酸钾、硝酸钾、碳酸钾、磷酸二氢钾和硫酸钾镁肥等。

（4）复混/复合肥料：即肥料中含有两种肥料三要素（氮、磷、钾）的二元复混肥料和含有氮、磷、钾三种元素的三元复混肥料。主要品种有氯基三元复合肥、硫基三元复合肥、硝基复合肥和 BB 肥等。

根据市场需求的变化，传统肥料也需要不断的改进，在这方面化学知识可以起到很大的作用。下面以一种新型缓释肥料——硫包衣尿素进行说明。图 3.1 和图 3.2 分别是普通尿素和硫包衣尿素的产品照片。硫包衣尿素的制造工艺是利用硫磺容易升华的性质，采用流态化工艺在尿素颗粒表面沉积一层单质硫，从而达到尿素施用后缓慢和控制释放的目的。据一家企业的实验结果，普通尿素的利用

图 3.1　普通尿素

图 3.2　硫包衣尿素

率为 33%，硫包衣尿素利用率可达到 70%，硫包衣尿素解决了化肥利用率不高的难题。在同等施用量的情况下可增产 10%～30%，既有速效性又有长效性，降低了劳动强度。

3.3　化学农药

化学农药是指用来防治危害农作物（也包括树木和水产物）的昆虫、螨、线虫、鼠、病毒及病原菌的化学药剂的总称，包括杀虫剂、杀线虫剂、杀螨剂、杀鼠剂、杀菌剂、杀病毒剂等，也包括除草剂、植物生长调节剂、昆虫生长调节剂及卫生用农药等。卫生用农药是指用于预防、消灭或者控制人生活环境和农林业中养殖业动物生活环境的蚊、蝇、蜚蠊、蚂蚁和其他有害生物的农药。

据有关资料中报道的调查结果，全世界的有害昆虫约 1 万种，有害线虫约 3000 种，杂草约 3 万种，植物病原微生物 8 万～10 万种。若不能有效控制，全世界农作物产量每年平均损失 30%～40%，收获进库后到消费前还要损失 10%～20%。图 3.3～图 3.5 展示了几张虫害的照片。

图 3.3　树上的蝗虫

为了防治农作物受危害，有效地挽回损失，化学家通过创新化学合成技术合成了品种繁多的农药或农药制剂，取得了举世公认的重要贡献。由于使用化学农药有效地控制了农作物的病、虫、草害，全世界每年挽回农作物总产量 30%～40% 的损失，20 多种由昆虫、蜱螨引起的严重威胁人类健康的疾病也得到了有效的控制。据世界卫生组织报道，采用滴滴涕防治疟蚊，1948～1970 年，使 5000 万人免于死亡，减少各种疫病患者 10 亿之多。我国病、虫、草害种类繁多而且成灾条件复杂。据统计，我国有病害 742 种，害虫（害螨）838 种，杂草 704 种，鼠害 20 种。其中，给农作物造成严重损失的病、虫、草害 100 多种。

图 3.4　2009 年某地的蝗虫成灾

图 3.5　棉铃虫的危害

由于使用农药，一些常见的病、虫、草害得到了有效的防治，每年大约可挽回粮食损失 3150 万 t、棉花损失 115 万 t、油料损失 150 万 t，相当于折合每年挽回经济损失 300 亿元。我国是一个拥有 13 亿人口的发展中国家，人均占有耕地远低于世界平均水平，要以占世界 7％的耕地养活占世界 20％以上的人口，农业生产的压力是不言而喻的。为了满足人们对粮食、纤维、油料等农产品的需求，必须持续发展农业生产。化学农药是最重要也是最有效的植物保护手段。要可持续发展农业，必须合理地利用化学农药、防治有害生物种群危害、避免或减少农作物损失。

对于杀虫剂，按组成成分分类，主要包括以下 9 种：①有机磷类，如磷酸酯类（久效磷、磷胺、敌敌畏等）、一硫代磷酸酯类（对硫磷、甲基对硫磷、辛硫磷、喹硫磷、二嗪磷、水胺硫磷、氧化乐果等）、二硫代磷酸酯类（马拉硫磷、乐果、稻丰散、乙硫磷、亚胺硫磷、伏杀磷、三硫磷、甲拌磷等）、膦酸酯类（敌百虫等）、磷酰胺类与硫代磷酰胺（棉安磷、甲胺磷、乙酰甲胺磷等）、焦磷酸酯与硫代焦磷酸酯（特普、治螟灵等）等；②氨基甲酸酯类，如 N-甲基氨基甲酸酯类（速灭威、仲丁威、灭除威、残杀威、克百威等）、N,N-二甲基氨基甲酸酯类（抗蚜威等）和 N-甲基氨基甲酸肟酯类（灭多威、涕灭威等）等；③苯甲酰脲类，如除虫脲、氟虫脲、定虫隆等；④拟除虫菊酯类，如丙烯菊酯、苄呋菊酯、氯菊酯、氯氰菊酯、氰戊菊酯、醚菊酯及硅醚菊酯等；⑤有机氯类，如滴滴涕、六六六、毒杀芬、灭蚁灵、氯丹、艾氏剂、狄氏剂等；⑥有机氟类，如氟虫腈等；⑦无机杀虫剂类；⑧植物性杀虫剂；⑨微生物杀虫剂。

对于杀菌剂，按组成成分分类，主要包括以下 10 种：①有机硫类，如二硫代氨基甲酸盐类（代森锰锌、代森锌、代森锰、代森铵、福美双、福美锌、福美镍等）、氨基磺酸类（敌锈钠、敌克松等）和三氯甲硫基类（灭菌丹、克菌丹）等；②有机磷类，如稻瘟净、异稻瘟净、克瘟散、乙膦铝、定菌磷等；③有机砷类，如福美胂、甲基胂酸锌等；④有机锡类，如薯瘟锡、毒苗锡等；⑤取代苯类，如甲霜灵、硫菌灵、甲基硫菌灵、百菌清、四氯苯酞、五氯硝基苯等；⑥杂环类，如三唑类（三唑酮、三唑醇、腈菌唑、三环唑）、苯并咪唑类（多菌灵、清菌灵等）；⑦吗啉类，如烯酰吗啉、氟吗啉等；⑧甲氧基丙烯酸酯类，如嘧菌酯、苯氧菌酯等；⑨无机杀菌剂和⑩微生物杀菌剂等。

对于除草剂，按组成成分分类，主要包括以下 10 种：①芳氧烷属羧酸类，如 2,4-滴、禾草灵、喹禾灵、吡氟禾草灵等；②氨基甲酸酯类，如灭草灵、燕麦灵、杀草丹等；③取代脲类，如敌草隆、绿麦隆、伏草隆等；④取代均三嗪类，如莠去津、西玛津、氰草津等；⑤酰胺类，如敌稗、毒草胺、甲草胺等；⑥2,6-二硝基苯胺类，如乐胺、氟乐灵等；⑦二苯醚类，如除草醚、乙氧氟草醚、氟磺胺草醚等；⑧磺酰脲类，如氯磺隆、甲磺隆、嘧磺隆等；⑨咪唑啉酮类，如咪草烟、灭草喹等；⑩其他类，如五氯酚钠、草甘膦、嗪草酮等。

对于杀螨剂，按组成成分分类，主要包括以下 5 种：①有机氯类，如三氯杀螨醇、杀螨酯等；②有机硫类，如三氯杀螨砜、炔螨特等；③有机锡类，如苯丁锡、三环锡、三唑锡等；④甲脒类，如单甲脒、双甲脒、杀螨脒等；⑤杂环类，如噻螨酮、四螨嗪、哒螨灵等。

对于杀鼠剂，按组成成分分类，主要包括以下 5 种：①无机类，如磷化锌等；②有机磷类，如毒鼠磷、溴代毒鼠磷等；③杂环类，如敌鼠、氯鼠酮、杀鼠酮、杀鼠灵等；④脲类与硫脲类，如灭鼠优、灭鼠特等；⑤有机氟类，如鼠甘氟等。

对于植物生长调节剂，按组成成分分类，主要包括以下 6 种：①杂环类，如吲哚类（吲哚乙酸、吲哚丁酸等）、唑类（多效唑、烯效唑等）及芸苔素内酯、整形素、赤霉素、抑芽丹等；②有机磷类，如乙烯利、调节膦、增甘膦等；③醇类，如正癸醇、三十烷醇等；④萘类，如萘乙酸等；⑤铵盐类，如甲哌鎓、矮壮素等；⑥其他类，如复硝酚钠、比久等。

通过上述对农药类别和成分名称的介绍，可以体会到，农药涉及许多组成及结构复杂的有机化合物，并且农药是重要的化工行业之一，要进入这个领域必须学好有机化学。

需要指出的是，上述农药品种都曾经在不同的历史年代和国家发挥过重要的作用。然而，在长期的使用中，人们逐渐发现，有些农药品种毒性太强或会导致严重的环境污染，这些品种便禁止生产和使用了，如艾氏剂、狄氏剂、异狄氏剂、滴滴涕、氯丹、六氯苯、灭蚁灵、毒杀芬等。多数品种一直在被人们广泛使用。

近年来，由于对环境和生态平衡的日益重视，人们相继开发了生物化学农药、微生物农药、植物源农药、转基因生物、天敌生物等特殊农药产品，提出了发展绿色农药的理念。例如，生物化学农药必须符合下列两个条件：①对防治对象没有直接毒性，而只有调节生长、干扰交配或引诱等特殊作用；②必须是天然化合物，如果是人工合成的，其结构必须与天然化合物相同（允许异构体比例的差异）。目前开发出的生物化学农药包括以下四类：

（1）信息素。信息素是由动植物分泌的，能改变同种或不同种受体生物行为的化学物质，包括外激素、利己素、利他素。

（2）激素。激素是由生物体某一部位合成并可传导至其他部位起控制、调节作用的生物化学物质。

（3）天然植物生长调节剂和天然昆虫生长调节剂。天然植物生长调节剂是由植物或微生物产生的，对同种或不同种植物的生长发育（包括萌发、生长、开花、受精、坐果、成熟及脱落等过程）具有抑制、刺激等作用或调节植物抗逆境（寒、热、旱、湿和风等）的化学物质。天然昆虫生长调节剂是由昆虫产生的、对昆虫生长过程具有抑制、刺激等作用的化学物质。

（4）酶。酶是在基因反应中作为载体，在机体生物化学反应中起催化作用的蛋白质分子。

我国农业部 2007 年发布的《农药登记资料规定》中明确规定，农药企业必须提供的产品化学资料包括以下五点。

1）有效成分的识别

有效成分的通用名称、国际通用名称［执行国际标准化组织（ISO）批准的名称］、化学名称、化学文摘（CAS）登录号、国际农药分析协作委员会

（CIPAC）数字代号、开发号、结构式、实验式、相对分子质量（注明计算所用国际相对原子质量表的发布时间）。

有效成分有多种存在形式的，应当明确该有效成分在产品中最终存在形式，并注明确切的名称、结构式、实验式和相对分子质量。

有效成分存在异构体且活性有明显差异的，应当注明比例。

2）有效成分的物化性质

应当提供标准样品（纯度一般应高于 98%）的下列参数及测定方法：外观（颜色、物态、气味等）、酸碱度或 pH 范围、熔点、沸点、溶解度、密度或堆密度、分配系数（正辛醇/水）、蒸气压、稳定性（对光、热、酸、碱）、水解、爆炸性、闪点、燃点、氧化性、腐蚀性、比旋光度（对有旋光性的）等。

3）原药的物化性质

应当提供原药的下列参数及测定方法：外观（颜色、物态、气味等）、熔点、沸点、爆炸性、闪点、燃点、氧化性、腐蚀性、比旋光度等。

4）控制项目及其指标

（1）有效成分含量。明确有效成分的最低含量（以质量分数表示）。不设分级，至少取 5 批次有代表性的样品，测定其有效成分含量，取 3 倍标准偏差作为含量的下限。

（2）相关杂质含量。明确相关杂质的最高含量（以质量分数表示）。

（3）其他添加成分名称、含量。根据实际情况对所添加的稳定剂、安全剂等，明确具体的名称、含量。

（4）酸度、碱度或 pH 范围。酸度或碱度以硫酸或氢氧化钠质量分数表示，不考虑其实际存在形式。pH 范围应当规定上下限。

（5）固体不溶物。规定最大允许值，以质量分数表示。

（6）水分或加热减量。规定最大允许值，以质量分数表示。

5）与产品质量控制项目及其指标相对应的检测方法和方法确认

检测方法通常包括方法提要、原理（如化学反应方程式等）、仪器、试剂、操作条件、溶液配制、测定步骤、结果计算、允许差和相关谱图等。

检测方法的确认包括方法的线性关系、精密度、准确度、谱图原件等，对低含量的控制项目及其指标还应当给出最低检出浓度。

采用现行国家标准、行业标准或 CIPAC 方法的，需提供相关的色谱图原件（包括但不限于标准品、样品和内标等色谱图）。可以不提供线性关系、精密度、准确度数据和最低检出浓度试验资料。

从上述表述中可以发现，如果从事农药领域的工作，必须具有扎实而广泛的化学基础知识和技术，虽然农药主要涉及有机化学的知识，但是同样需要物理化学和分析化学的知识。

3.4　农副产品的生物化工

农副产品是由农业生产所带来的副产品，包括粮食、经济作物、竹木材、工业用油及漆胶、禽畜产品、药材、土副产品等若干大类。在化学工业中有一个领域是以农副产品为原料利用生物化工技术生产化工产品的，其中发酵产品最为重要。近年来，生物工程技术（基因工程、细胞工程、酶工程和发酵工程）的快速发展给传统的发酵行业带来了新的生机，发酵品种不断增加，技术水平不断提高，生产规模不断扩大，经济效益和社会效益十分显著，已引起了各方面的重视。

以农副产品为原料的发酵工业在我国已历史悠久，最早人们就用粮食发酵生产酱油、醋，发展到现在已可用农副产品原料生产多种产品。例如，用发酵法生产乙醇、总溶剂（丙酮、丁醇、乙醇）、柠檬酸、乳酸、氨基酸等产品。应用生物技术发酵生产，不仅可提供大量廉价的化工产品，而且还将有可能革新某些化工产品的传统工艺，发展能源省、污染少的新工艺，从而对化学工业的原料路线、产业结构、生产工艺、精细化工产品的开发以及节能与环保等方面产生巨大的影响。特别是在当今资源有限，一次性资源（石油、天然气、煤）终究会枯竭的情况下，应用可再生资源淀粉、纤维素势在必行。可见，发展农副产品为原料的生物化工业具有重大的意义。

3.4.1　总溶剂

总溶剂是指工业生产中用微生物发酵的方法获得丁醇、丙酮、乙醇三组分混合液的统称，已广泛用于医药、油漆、塑料、国防及轻化工等行业。

丁醇是一种重要的有机化工原料，用途非常广泛，可用于各种塑料和橡胶制品的生产，还可以生产乙酸丁酯、丙烯酸丁酯、丁醛、丁酸、丁胺和乳酸丁酯等化工产品。丁醇也可用作树脂、油漆、胶黏剂的溶剂及选矿用消泡剂，还可用作油脂、药物和香料的萃取剂。

丙酮在工业上主要作为溶剂，用于炸药、塑料、橡胶、纤维、制革、喷漆、油脂等行业，也是合成烯酮、乙酸酐、碘仿、聚异戊二烯橡胶、甲酯、氯仿、环氧树脂等物质的重要原料。

乙醇可作为生物燃料（乙醇汽油），可用于制造香精，也是一种重要的有机化工原料，用于制造乙酸、乙醚等，还可作为溶剂和防腐剂用于化妆品生产。

以玉米、红薯干和木薯等农副产品为原料，发酵法生产总溶剂的方法是：经过粉碎、配醪、蒸煮、灭菌后熟、冷却等工序，接入专门的菌种（丙酮、丁醇梭状芽孢杆菌），在厌氧、温度 38～40 ℃条件下，经过菌种的扩大培养、活化，发酵 20～24 h，发酵醪中积累丁醇、丙酮、乙醇三种物质。经蒸馏分离提纯，得到丁醇、丙酮和乙醇三种产品。

发酵法生产的总溶剂是世界上最早研究的利用微生物发酵获取的产品之一。1914年，英国用改良的魏兹曼（Weizmann）法进行生产，采用玉米做原料，一直沿用至今。1935年，苏联开发出连续发酵新工艺；1936年，美国利用废糖蜜生产总溶剂获得成功，开创了"不完善"的原料生产总溶剂研究的先河。国内发酵生产总溶剂始于1954年，上海溶剂厂用玉米、山芋干为原料进行生产，少数工厂用过糖蜜生产。国内生产企业都采用连续发酵生产工艺，20世纪80年代达到高潮，发酵法生产总溶剂的厂家多达70余家，但大都规模小，装备差，技术不完善，产率低，染菌率高，成本高。至90年代中期，由于国内石油企业的崛起，价格低廉的以石油为原料的化学合成法产品逐步取代以粮食为原料的发酵法生产的产品，发酵生产企业纷纷关闭，其产品完全退出市场。

进入21世纪后，世界各国经济的迅猛发展，对石油的需求迅速扩大和石油资源的日益枯竭，用可再生生物资源替代不可再生的石油资源，用生物技术取代化学合成技术进行总溶剂生产，其天然、绿色的概念，循环经济可持续发展的内涵，显著的环境效益和长远的战略意义，以及生物发酵技术的进步大大降低了生产成本，使发酵法生产总溶剂重新具备市场竞争能力，并成为行业发展趋势。

3.4.2 有机酸

有机酸种类很多，目前工业上生产的主要是柠檬酸、乳酸、乙酸、苹果酸、衣康酸、葡萄糖酸和曲酸等。以柠檬酸为例，我国1970年开始形成柠檬酸的工业生产，此后产量和品种直线上升，目前居世界首位。世界柠檬酸供需缺口较大，而且我国产品较便宜，在国际市场上具有一定竞争力。近年来，随着食品和医药工业的迅速发展，国内对柠檬酸的需求量不断增加。

柠檬酸是一种含羟基的三元羧酸，学名为3-羟基-3-羧基戊二酸，其化学式为$HOOCCH_2COH(COOH)CH_2COOH$，为无色半透明晶体，或白色颗粒，或白色结晶粉末，它的结晶形态因结晶条件不同而不同。虽有强烈酸味但令人愉快，稍有一点涩味。商品柠檬酸主要有无水柠檬酸和一水柠檬酸。柠檬酸易溶于水，能溶于乙醇，而不溶于醚、苯、甲苯、氯仿等有机溶剂。

（1）柠檬酸主要用于食品工业，约占总产量的60%。作为食品添加剂中的调味剂、酸化剂和防腐剂，用于饮料、果酱、水果酒、水果糖、冰激淋等品种中；在烘烤面包时，加入柠檬酸可使面团变酸和松软；在人造黄油、香肠和酱油中加入柠檬酸，可加强色香味和保护维生素；此外，它还能够用于乳制品或食品保鲜。

（2）柠檬酸用于饲料中可减少小牛、仔猪发生腹泻，改善对钙、铁的吸收，防止青贮饲料中杂菌发酵。

　　（3）用于医药工业上的柠檬酸约占总产量的 12%，主要作为许多药品的合成原料，如用柠檬酸制造的柠素酸，就是制造抗结核病的重要药剂——异烟酸酰肼的重要原料，还有抗丝虫病药柠檬酸乙胺嗪、驱蛔虫药柠檬酸哌嗪、抗凝血药柠檬酸钠、低血钾治疗药柠檬酸钾、抗贫血药柠檬酸铁铵、镇咳药柠檬酸维静宁、胃药柠檬酸铋钾等；用做糖浆片剂的调味剂、防腐剂，油膏的缓冲剂以及与其他药剂联合使用，如用于柠檬芬、头痛粉等。

　　（4）用于化学工业的柠檬酸约占总产量的 20%，作为许多化学产品的合成原料，如柠檬酸的酯类，包括柠檬酸三丁酯、乙酰柠檬酸三丁酯、柠檬酸三乙酯、柠檬酸三辛酯等，这些增塑剂可作用于 PVC 等塑料，用来制造食品包装物、玩具等。

　　（5）柠檬酸盐类，如柠檬酸钠用做洗涤的助剂，以代替造成公害的三聚磷酸钠；用于冶铜废气脱硫以免除公害；用于清洗锅炉和各种热交换器清除水垢，以及工业上废水处理和设备清洗剂。柠檬酸铵盐除用做防腐剂外还应用于染料工业。

　　（6）其他方面，如在混凝土中加入适量柠檬酸作缓凝剂，在电镀工业中代替氰化钾实现无氰电镀，在皮革工业上用于脱灰，以及用于印染、油墨、晒图和化妆品生产等各个方面。

　　柠檬酸发酵生产使用的农副产品原料主要包括薯干、薯渣、淀粉、淀粉渣及玉米粉，各种粗制糖（粗蔗糖、怡糖等）、甘蔗糖蜜、甜菜糖蜜及葡萄糖母液等，这些都属于糖质原料。工业上发酵制备柠檬酸使用的菌株主要有黑曲霉、泡盛曲霉和斋藤曲霉。在我国基本是黑曲霉并经过诱变育种处理，如 Co827、Co860、γ-144、γ-144-131W_1 等突变菌株。工业上使用的柠檬酸发酵工艺主要有固态发酵法、液态浅盘发酵法和深层通风发酵法，现代工业化大生产主要采用深层通风发酵法。

　　为了摆脱对石油资源的依赖，解决环境污染问题，生物降解性材料越来越受到重视。在生物降解材料中，聚乳酸以其类似塑料的物理性能、完全的生物降解性和人体的适应性，具有广泛的应用领域，赢得了全球的瞩目。聚乳酸是用发酵乳酸为原料，通过聚合反应制备的。

　　近年来，国外聚乳酸工业化生产取得了突破性进展。1997 年，美国卡吉尔陶氏聚合物公司开发了聚乳酸产品，商品名为 Nature Work TM，当时生产能力仅为 1.6 万 t/a。2001 年 11 月，该公司投资 3 亿美元，采用二步法聚合技术，在美国内布拉斯加建成投产了一套 13.6 万 t/a 的装置，这是迄今为止世界上最大的聚乳酸生产线。卡吉尔陶氏聚合物公司计划在今后 10 年内使聚乳酸总生产能力达到 45 万 t/a。

　　日本是世界聚乳酸重要的应用开发地区和市场。卡吉尔陶氏聚合物公司已与三井化学品公司合作进行聚乳酸的应用开发。日本东丽公司也与卡吉尔陶氏聚合物公司签订了引进聚乳酸的技术合同。

3.4.3　氨基酸

　　氨基酸种类很多，目前实现了工业生产的主要是谷氨酸、赖氨酸、苏氨酸和色氨酸等。谷氨酸是世界市场销售最大的一种氨基酸，其钠盐（谷氨酸钠）是味精的主要成分，使用量最大的行业是食品工业。权威机构如美国食品药品管理局（Food and Drug Administration，FDA）和联合国已经证明，适量食用味精对身体无害。而且，味精是鸡精的最大构成部分，鸡精中含有 35％以上的味精，所以，味精行业的发展仍将保持较高的年增长速度。国内味精已形成独立工业体系，规模和技术水平仅次于抗生素工业。赖氨酸是世界上仅次于谷氨酸的第二大氨基酸品种，目前主要应用于饲料添加剂、食品添加剂和医药中间体。随着科技的发展，赖氨酸品种已经有赖氨酸盐酸盐、蛋白赖氨酸和液体赖氨酸等，并呈现出由高纯度添加向低纯度添加的发展趋势。苏氨酸和色氨酸也是重要的氨基酸，是人体和动物的限制性氨基酸，与生理发育有关，广泛应用于医药、食品和饲料添加剂。近年来，国内外饲料工业发展迅速，在医药工业上用途的不断扩大，使色氨酸成为一种国际市场发展前景良好、国内市场需求较大的产品，且原料来源丰富，生产技术成熟。但国内仍不能大规模生产，在上海、武汉、北京等地有小规模生产，主要用于制药，尚无厂家生产饲料添加剂用的色氨酸。

　　以味精的发现和生产为例，味精最早是 1866 年由德国人 H. Ritthasen 从面筋中分离得到的。而对味精的生产和使用起到重要作用的是，1907 年日本东京帝国大学的研究员池田菊苗发现了一种由海带汤蒸发后留下的棕色晶体（纯品为白色），即谷氨酸。这些晶体尝起来有一种很不错的味道，池田教授将这种味道称为"鲜味"。继而，他为大规模生产谷氨酸晶体的方法申请了专利。之后，日本"味之素"公司成立，致力于味精的生产与销售。较早的时期（大概是 1965 年以前），味精主要是以面筋或大豆粕等含蛋白质高的原料通过酸水解的方法来生产。现在看来，这个方法消耗大、成本高、劳动强度大、对设备要求高，需耐酸设备。随着技术的进步，包括我国味精厂在内，都采用玉米淀粉、大米、小麦淀粉、甘薯淀粉、糖蜜等粮食或糖质原料，通过微生物发酵工艺生产，大大提高了产量并降低了成本。

　　当然，农副产品生物化工业的发展主要受原料供应量、价格及技术进步等因素的制约。

3.4.4　乙二酸

　　乙二酸是重要的化工原料，广泛用于纤维工业、制油工业、天然橡胶精制工业、染料中间体的合成、酚醛树脂的催化剂、医药工业、稀土元素精制工业、皮革工业以及用于清除铁锈等方面。除了以石化产品为原料的生产方法外，以农副产品为原料，利用化学氧化法也可以生产乙二酸。

1）淀粉硝酸氧化法

用淀粉（主要是玉米淀粉）作为生产乙二酸的原料时，其生产原理为淀粉转化成葡萄糖，再经硝酸氧化直接得到乙二酸。化学反应方程式为

$$C_6H_{12}O_6 + 12HNO_3 \longrightarrow 3(COOH)_2 \cdot 2H_2O + 3NO + 9NO_2 + 3H_2O$$

主要工艺流程是

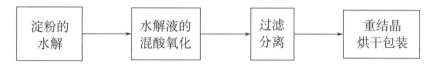

例如，当 15.9 kg 的 H_2SO_4、HNO_3 和 H_2O 的混合液（质量分数分别为 68.5%、11% 和 28.5%）与 14.3 kg 的淀粉混合，在 45 ℃ 下加热 1 h，制得 30.2 kg 的糖化液。该糖化液与 39.7 kg 的 H_2SO_4、HNO_3 和 H_2O（质量分数分别为 6%、57.7% 和 36.3%）并含 5 g V_2O_5 的混合液一起在 65 ℃ 下加热 4 h，冷却至室温，分离出 10 kg 的乙二酸。含 1.9% 乙二酸的母液可以循环使用。热反应期间生成的氮氧化物用水吸收，得到 20 kg 63% 的硝酸。

硝酸氧化淀粉制乙二酸过程中，最棘手的是氮氧化物尾气的处理问题。自然排放必然会造成严重的环境污染，而化学法回收又涉及经济效益问题。一般认为，水吸收设备比较复杂，效果不理想。国外有人采用 20% 的碳酸钠或氢氧化钠吸收生成亚硝酸钠，效果较好。

2）农作物废料硝酸氧化法

使用豆秧茎做原料也可制备乙二酸，方法是：在 V_2O_5 催化剂存在下，用类似上面的 H_2SO_4、HNO_3 与 H_2O 的混合液在 75 ℃ 下加热氧化豆秧茎碎末，乙二酸产率可以达到 44.2%，主要工艺流程是

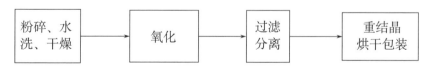

也有人报道用桉树皮、黄麻茎、菠萝渣、玉米芯、燕麦壳、稻秆、木质素、木屑、废糖液等作为生产乙二酸的原料。当然，原料不同，生产工艺也会有区别。不管怎样，利用农副产品及其废料生产乙二酸具有重要的经济价值和社会意义，体现了化学的广泛应用。

3.5　生物质资源化利用

我国是农业大国,每年产生大量的秸秆、稻壳和糠皮等生物质废弃物,数量巨大。其中玉米秸秆、小麦秸秆和稻草是我国的三大秸秆资源,也是全球最大的三种生物质资源。据世界能源网数据,我国每年的农作物秸秆、稻壳等产量可达7亿 t。我们知道,传统的生物质处理,一部分是造肥还田,另外有一小部分作饲料和工业原料,大部分被作为薪材或直接燃烧掉了。随着我国的传统农业逐渐向现代化转化,种植业逐渐转向省工、省力、高效和清洁的栽培方式,传统的有机肥料堆肥、燃烧利用已不适应现代农业的发展,探讨生物质废弃物利用的无害化、减量化、资源化的新途径和新技术,已成为当前和今后一段相当长的时期内的热点问题。在这一领域,同样有许多化学问题,需要利用化学知识和方法来解决,这里对其中几个利用途径作一简单的介绍。

纤维素在生物质中占了很大的比例,纤维素、半纤维素和木质素占纤维性生物质干重的 70% 左右,而木质纤维素是目前世界上唯一可预测的能为人类提供物质和燃料的可持续资源。实现生物质废弃物的资源化,首先要实现纤维素的破坏,而纤维素属于难降解物质。人们为解决这个问题作了很多探索,如传统的方法包括破坏、水解和发酵,或几种方法进行集成,后来在预处理方法上作了很多努力,包括水解法(蒸汽爆破)、酸处理法、碱处理法、有机溶剂处理法、生物法、湿式氧化法和水热转化法等。水解工艺主要是微生物发酵或者加强质子酸水解,发酵工艺主要包含同步糖化发酵和固定化细胞发酵。

3.5.1　生物质气化

最传统的生物质气化是制沼气。将农业有机残余物和人畜粪便等生物质废弃物在厌氧条件下发酵可产生沼气燃料,其主要成分是甲烷和少量的二氧化碳,残余物可作为有机肥料。其过程分为水解、产氢产乙酸和产甲烷三个阶段。我国是世界上沼气利用开展较早的国家,从 20 世纪 90 年代以来,我国沼气建设一直处于稳步发展的态势,生物质沼气技术已发展得相当成熟,目前已进入商业化应用阶段。沼气利用技术为核心的综合利用技术模式由于其明显的经济和社会效益而得到快速发展,这也成为我国生物质能利用的特色。

但是,生物质制沼气这种方式能源利用率低。近年来,在生物质气化方面,国内外的一些科学家加大了研究力度,取得了明显进展。在国内,如西安交通大学开展了超临界生物质制氢的研究,并在湿生物质催化、葡萄糖、纤维素以及锯木屑等气化制氢方面取得了重要的成果。又如,中国科学院广州能源研究所在循环流化床气化发电方面取得了一系列进展,已经建设并运行了多套气化发电系统；东南大学提出了串联流化床零排放制氢技术路线；同济大学进行了生物质固定床气化过程的研究。

国外在生物质气化方面的探索和应用主要有：①生物质气化发电；②生物质气化合成甲醇或二甲醚；③生物质气化合成氨等。

3.5.2　生物质发电

生物质发电已受到广泛重视，主要工艺有三类：生物质锅炉直接燃烧发电、生物质与煤混合燃烧发电和生物质气化发电。美国的生物质直接燃烧发电占可再生能源发电量的70%；意大利发展了12 MW生物质整体煤气化联合循环发电技术的示范项目，发电效率达31.7%。我国已开发和推广应用20多套兆瓦级生物质气化发电系统。国家高科技发展计划已建设4 MW规模生物质（秸秆）气化发电的示范工程，系统发电效率可达到30%左右；到2005年底，我国生物质发电装机容量约为2000 MW。

3.5.3　生物质液化制燃料

太阳能、风能、小水电等可再生能源自身不能进行物质生产，而生物质既能贡献能量，又能像煤炭和石油那样生产出千百种化工产品。例如，利用生物质制备的乙醇作为车用燃料或与汽油合用，可改善辛烷值和降低尾气排放，因此市场需求量增长迅速。世界燃料乙醇生产量大部分在巴西和美国；生物柴油是清洁运输燃料，可以大大降低汽车尾气排放引起的城市空气污染，减少二氧化碳引起的温室效应。"十五"期间，我国在河南、安徽、吉林和黑龙江分别建设了以陈化粮为原料的燃料乙醇生产厂，生产能力达到102万t/a，并从2002年开始，先后在东北三省以及河南、安徽、山东、江苏、湖北、河北九省分两期进行了车用乙醇汽油试点和示范，取得了良好的效果。

另外，我国在利用废弃植物纤维素制取燃料乙醇技术方面也取得了一定的进展。采用植物纤维素原料生产乙醇一般包括三个子过程：植物纤维素原料的预处理、酶水解糖化与发酵生成乙醇。从目前情况看，预处理技术是最关键的技术瓶颈，而化学预处理方法是最重要的技术方法。常用的化学预处理方法有酸水解、碱水解、氨解、各种氧化剂氧化处理与其他化学试剂处理。植物纤维素的酸水解处理可以在较温和的条件下，使其中的半纤维素分解为戊糖类化合物，这样可以降低植物纤维素原料中的半纤维素的含量，一般不能使其中的木质素发生降解，同时酸处理后需中和再进行酶水解，处理费用较高。植物纤维素的碱水解处理可以降低植物纤维素原料中的木质素的含量，是一种有效的预处理技术，但对碱处理的废液必须要作进一步的处理。氨解是另一种通过除去木质素提高植物纤维素原料水解效率的预处理方法，同时通过氨解可以使纤维素的晶形与结晶度发生变化，聚合度降低。氧化处理也是另一种有效的脱去植物纤维素中木质素的方法，其中采用臭氧与双氧水作为氧化剂的研究较多。通过采用各种有机溶剂结合无机盐水溶液对植物纤维素进行预处理提高水解效率的报道也有很多，但是在后续工艺中必须对有机溶剂加以回收利用。进行预处理后，再通过酶水解糖化与发酵便可生产乙醇。

生物柴油是从富油植物中提取生物油，经甲酯化后可供柴油机使用，称为生物柴油，是生物质液化制燃料的一种利用形式。近年来，国外生物柴油研发和推广很快，美国2001年生物柴油消耗量达253.8万L，日本的《废弃物再生法》也有力地推动了该国生物柴油的发展。与矿物柴油的性能相比，生物柴油具有硫含量低、氧含量高、分解性能好、燃烧效率高等特点，用于柴油车时其尾气中的烟尘、SO_2和NO_x等均大幅下降，十分有利于减轻大气污染。生物柴油是对环境友好的可再生能源。现在认为，探索生物质合成液体燃料技术以适应代油需要，对确保我国能源安全意义重大。我国近年来一直对生物柴油和生物裂解油等代用燃料进行研究，但该技术目前尚处于初级阶段。

可持续发展是21世纪发展的主题。伴随着经济的可持续发展，能源作为经济运行的血液，已成为经济、科技界及各国政府优先考虑的问题。我国在生物质资源化利用新技术方面取得了巨大成绩，但与发达国家相比尚存在一定差距，在生物质气化、生物质液化（包括生产乙醇、热解液化、生物柴油）、生物质制氢等工业技术方面有待进一步研发。要立足于科技进步，加大基础理论的研究，不断将各种研究成果实用化、产业化。在可预见的未来，我国生物质能的综合开发与利用必将达到一个新的高度，在这方面化学必将发挥其重要的作用。

思 考 题

1. 常用的化学肥料有哪些？它们的主要功能是什么？
2. 什么是硫包衣尿素？请设想一下，还能用什么材料对尿素作类似的处理？怎样做？
3. 实现农副产品生物化工转化的主要技术途径有哪些？请举例说明。
4. 你们当地的主要生物质废弃物有哪些？谈谈生物质资源化利用的主要技术途径。

第4章 化学与军事

4.1 概　　述

过去的一个世纪里发生了两次世界大战，给人类生命和财产造成了巨大的损失。但战争并没有消失，反而更残酷。近年来，以美国为首的北约部队对伊拉克发动了"沙漠风暴"行动、对利比亚实施了无休止的空袭行动，特别是他们对南斯拉夫联盟共和国进行狂轰滥炸时，悍然炸毁我驻南大使馆，公然挑衅我国主权。近期美国公然支持菲律宾，插手南海争端。尽管我国人民爱好和平，但战争离我们并不遥远。因此要加强国防建设，建立强大的军事威慑力量，吓阻一切敌人。

通过本章的学习，可以深刻认识到化学已渗透到军事的各个领域之中，为了保卫祖国，巩固国防，在战争的危险还没有消除的今天，努力下苦功，学好化学无疑也是十分重要的。

4.2 炸　　药

4.2.1　炸药的爆炸原理

炸药爆炸是一种化学反应，反应过程必须同时具备三个条件：放热、以链反应方式高速进行、有大量的气体产物生成。反应过程的放热性为爆炸反应的必要条件，只有放热反应才能使反应自行延续，才能使反应具有爆炸性。

许多普通化学反应进行得缓慢，尽管放出的热量可能比炸药放出的热量多，但生成的热和气体逐渐扩散到周围介质中，因而不能形成爆炸。爆炸反应的一个突出特点是反应的高速性，即爆炸反应比一般化学反应快千万倍，反应所生成大量的热和气体产物因为在极短的瞬间来不及扩散，大量气体被局限在近乎原有的体积之内，因而产生高压，再加上反应的放热性，高温高压气体迅速对周围介质膨胀做功，这就形成了爆炸。

4.2.2　炸药的分类

按照炸药的用途分类，习惯上可以将炸药分为发射药、起爆药和猛炸药三大类。

1. 发射药

发射药一般指用以发射弹丸的火药，将其装在枪炮弹膛内，由火焰或火花等引燃后，因其能爆燃而迅速产生高热气体，其压力足以将弹头以一定速度发射出去。因其不爆炸，故不致破坏膛壁。图4.1为装有火药的子弹。我国古代四大发明之一的黑火药是火药家族的"老祖宗"，是第一种被用于军事的火药，它由硝酸钾、木炭粉和硫磺粉混合制成。俗话所说的黑火药配方是"一硝二磺三木炭"，即指一斤硝石、二两硫磺、三两木炭。其作用机理是：首先使硝酸钾分解产生氧气，木炭和硫磺与氧剧烈反应，瞬间产生大量的热和气体（氮气、二氧化碳等），导致体积急剧膨胀，压力随之猛烈增大。

图 4.1　装有火药的子弹

最先进的科技总是最先应用在军事上，黑火药也不例外。黑火药的发明可以说是发射药发展史上的一块重要的里程碑，自从发明了黑火药后，各种以黑火药作为能量源的武器便开始陆续出现，如火枪、火炮、火箭等。

随后，无烟火药的发现进一步为弹药的开发铺平了道路。1845年的一天，瑞士化学家舍恩拜做实验时不小心把盛满硝酸和硫酸的混合液瓶碰倒了。混合溶液洒在桌上，他顺手拿起妻子的一条棉布围裙来抹桌子，围裙浸了溶液，湿淋淋的，他就想到火炉旁去把围裙烘干，没料到刚靠近火炉时，就听得"噗"的一声，围裙被点燃了，燃烧时没有一点烟，烧完后也没有一点灰。这一现象引起了他的注意，他意

图 4.2　硝化棉

识到自己可能无意中已经合成了一种新的化合物，可以将其用做炸药。随后经过反复实验证实他的发现是正确的，他便将这种硝化纤维命名为"火棉"，其外观照片如图4.2所示。由这种硝化纤维制成的火药很不稳定，曾发生多次火药库爆炸事故。后来法国化学家维埃利经过改进，将硝化纤维溶解在乙醚和乙醇中，并向其中加入适量的稳定剂得到胶状物，制成了世界上第一种无烟火药。这种火药燃烧后没有残渣，没有或只产生少量烟雾。随着无烟火药在枪弹中的使用，欧洲国家的军用步枪逐步从大口径演变为较小口径，同时增加了弹丸的射程和射击的精准度。

目前最常用的发射药仍然是各种无烟火药，按其组成成分又可分为均质发射药和异质发射药两大类。

均质发射药又可分为单基发射药和双基发射药。单基发射药是指将硝化棉用乙醇与乙醚等挥发性溶剂处理后，将其塑化密实、干燥成型后形成均匀单相的不同尺度和形状的火药。双基发射药是指向单基发射药中分别添加硝化甘油、硝化二乙二醇、硝化三乙三醇和二硝基甲苯等溶剂，得到混合硝酸酯均质发射药。

异质发射药，有时也称为三基发射药，被广泛用于各种弹丸中。在双基发射药的基础上添加不溶解的固体氧化剂，通常添加的是由尿素与硝酸铵以 1∶1（物质的量比）的比例混熔后得到的硝基胍，因为其微溶于乙醇、不溶于醚，难以形成均质结构，所以称为异质发射药。

2. 起爆药

起爆药也称初发炸药，是指受一定的初始冲能（震动、摩擦、压力、热、电、光等）作用，即会燃烧并迅速变成爆轰的敏感炸药，是用来引爆猛炸药的。按照起爆药成分可分为单质起爆药、混合起爆药及复盐起爆药三类。单质起爆药即单一成分的起爆药，成分可能是叠氮化铅 $[Pb(N_3)_2]$、雷汞 $[$雷酸汞，$Hg(OCN)_2]$、斯蒂芬酸铅 $[$三硝基间苯二酚铅，$C_6H(NO_2)_3O_2Pb \cdot H_2O]$ 等。混合起爆药即多种单质起爆药或单质起爆药与其他氧化剂、燃剂的混合物。复盐起爆药即为综合原单质起爆药的优点，将两种单质起爆药中的阴离子成分与共同金属离子通过共沉淀得到的一种起爆药。按激发方式可将起爆药分为针刺药（如手榴弹引信）、击发药（如子弹底火）、摩擦药及导电药（如爆破引信、压电晶体引信和无线电引信）等。

雷管里面装的就是单质起爆药雷汞，如图 4.3 所示。雷汞溶于热水、乙醇和氨水，干燥时受轻微摩擦、撞击或加热即可引爆，故储存时必须保持较低的温度。

雷汞是 1690 年瑞典人孔克尔发明的，1864年诺贝尔发明了用雷汞作起爆药的雷管。根据制取的方法不同，有白色和灰色两种结晶。白色性能较好，吸湿性小，常温下较安定，50 ℃加热 2 h 即发生分解。与氯酸钾、三硫化二锑（天然硫化锑）一起可制击发药和针刺药。由于雷汞过于敏感且有毒，现已逐渐为叠氮化铅等更有效、安全的起爆药所取代。叠氮化铅的起爆能力是雷汞的数倍，但纯净的叠氮化铅易自爆，需加入钝感剂，如糊精或羧甲基纤维素，可形成热稳定性、耐压性好的起爆药，常温下

图 4.3　雷管

可储存数年。其火焰感度和撞击感度都低于雷汞，需与斯蒂芬酸铅、四氮烯、硝酸钡、硫化锑组成混合起爆药，用做针刺雷管和火焰雷管装药。

3. 猛炸药

猛炸药是炸药破坏作用的主力，是指威力大、具有相当稳定性的炸药。可以分为单质猛炸药和混合猛炸药两类。

1）单质猛炸药

硝化甘油（三硝酸甘油酯）是单质猛炸药，是一种有甜味的黄色油状液体，熔点为 13.2 ℃，是意大利化学家索布雷在 1846 年发明的。硝化甘油可以在实验室制得，其方法和原理类似硝化棉的制备，即用浓硫酸和浓硝酸的混合酸处理甘油。硝化甘油对震动极其敏感，轻晃烧杯就有可能爆炸（请勿尝试！）。诺贝尔的弟弟就是在研究硝化甘油的过程中被炸死的，同时他的父亲重伤，最终诺贝尔用硅藻土吸收硝化甘油，制得较为安全的炸药。

梯恩梯（TNT，三硝基甲苯）属芳香族硝基化合物，俗称黄色炸药，化学性质稳定，熔点为 80～81 ℃。用价廉易得的甲苯做原料，生产过程简单，制作成本低，价格便宜，但它威力大，并且可以与其他炸药成分混合以压装、注装等多种方法进行炮弹装药，适于装填各种不同类型的弹丸，威力属于中上等。

特屈儿（三硝基苯甲硝胺）是具有碳硝基和氮硝基双重特征的芳香族硝基化合物，熔点为 129 ℃，毒性比梯恩梯更大，威力和传爆性高于梯恩梯，可用于弹药的传爆药、雷管的第二装药和标准导爆索的药芯，还可用于某些特种小口径炮弹装药。

太安（PETN，季戊四醇四硝酸酯）为白色结晶，熔点为 143 ℃，安定性一般，储存不易变性。可由季戊四醇经浓硝酸硝化制得（请勿尝试！）。它既能用于配制各种混合炸药作为炮弹的爆炸装药，又能用做弹药传爆药和导爆索药芯，还可用于无起爆药电火花雷管和工程爆破用浆状炸药的敏化剂等。可用于水中，当粉末含水 30％时仍能被引爆。

黑索金（RDX，环三亚甲基三硝胺）为无色结晶，熔点大约为 204 ℃，不溶于水，微溶于乙醚和乙醇，在丙酮和热苯中溶解度略高，在加热的环乙酮、硝基苯和丙三醇中较易溶解。化学性质比较稳定，热安定性较好，可长期储存，威力巨大，是最好的高能炸药之一，它的原料主要是煤。

奥克托今（HMX，环四亚甲基四硝胺），化学安定性好于 TNT，熔点高达 280～281 ℃，是现今综合性能最好的炸药。HMX 长期存在于乙酸酐法制得的黑索金中，直到 40 年后才被发现并分离出来。HMX 的撞击感度比 TNT 略高，容易起爆，安定性较好，但成本较高。通常用于高威力的导弹战斗部，也用做核武器的起爆装药和固体火箭推进剂的组分。

以上几种常见炸药的结构式如图 4.4 所示。

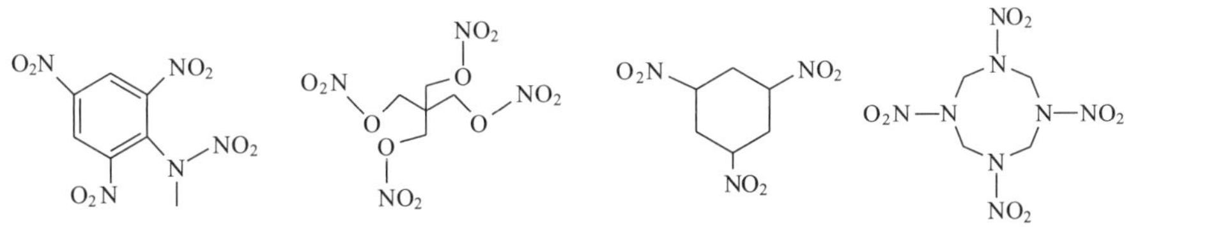

特屈儿　　　　　　　太安　　　　　　　黑索金　　　　　　奥克托今

图 4.4　常见炸药的结构式

2）混合猛炸药

混合猛炸药一般是将单质炸药和添加剂、氧化剂、可燃剂按适当比例混合加工制成的。目前能实际应用的大多为混合炸药，军用混合炸药不仅要有优良的爆炸性能，还要有较低的机械感度、良好的安全性。军用混合炸药按用途、物理状态、成分、性能和装药方式分为许多类型。

（1）熔铸炸药。是将高能单组分固相颗粒（如黑索金、奥克托今、太安等）加入熔融态的炸药（如梯恩梯）中进行铸装的炸药，这类炸药是当前世界各国应用最为广泛的混合炸药。

（2）高聚物黏结炸药。是以高能单质炸药为主体，高分子聚合物为黏结剂，加入增塑剂及钝感剂组成的混合炸药。这类炸药在军事上用于导弹战斗部装药、鱼雷、水雷和核战斗部起爆装置，工业上用于爆炸成型、石油射孔弹。

（3）含金属粉的混合炸药。是由炸药和金属粉（如铝、镁、铍等）组成的混合炸药，主要用于水雷、鱼雷、深水炸弹以及对空武器爆破弹、地面爆破等。

（4）钝化炸药。是由单组分炸药和钝感剂（如蜡、硬脂酸、胶体石墨和高聚物等）组成的低感度炸药，其特点是耐撞击和摩擦，便于压制成型，并且有良好的爆炸性能，多用于装填对空武器、水下兵器等弹药。

（5）燃料空气炸药。是由固态、液态、气态或混合态的可燃剂（如环氧乙烷、环氧丙烷、铝粉等）与空气组成的爆破性混合物。其作用原理是，充分利用爆炸区内大气中的氧，使装在弹容器内的燃料经爆炸抛撒在空气中，局部区域形成一定浓度的云雾，在瞬间点火后，使云雾发生区域爆轰，直接破坏目标，同时由于一定范围内的氧气被燃烧耗尽，因此该区域内存活的生物窒息。

（6）分子间炸药。是由超细的氧化剂组分和可燃剂组分均匀混合而成的炸药，爆轰反应在可燃剂与氧化剂两相间进行。具有代表性的分子间炸药是硝酸铵及某些铵盐分子低共熔混合物，可用于航弹和大口径炮弹弹药装填。

4.2.3　炸药的用途

炸药除了在军事上可用做炮弹、航空炸弹、导弹、地雷、鱼雷、手榴弹等弹药的爆炸装药和核弹等的引爆装置外，因其具有成本低廉、节省人力，并能加快工程建设的优点以及在特殊环境下作功的特性，还被越来越广泛地运用于国民经济的许多领域。例如，利用炸药进行大规模爆破，开采各种矿藏、修筑水坝、疏通河道、平整土地、劈山开路、开凿隧道等；聚能射流效应装填炸药的石油射孔弹可用于石油开采；用炸药制成的震源来进行地震探矿；用于在机械制造工业上爆炸成型、切割金属等。

4.3　烟　火　剂

燃放烟花爆竹在我国已有 2000 多年历史。每逢节日和喜庆日子，人们为了增加欢乐的气氛，除了燃放爆竹外，还喜欢放烟花。绚丽多彩的烟花与声声爆竹相辉映，将节日的天空装点得热闹非凡。爆竹里面填装的主要是炸药，所以能够发出清脆的响声。烟花为什么会在空中爆炸时绽放出五彩缤纷的火花呢？因为烟花里填装的主要是烟火剂，烟火剂是在发生燃烧反应时能产生可见光、红外辐射、高热高压气体、气溶胶烟幕和声响等效应的弱爆炸性物质，属于低速炸药。近几十年来，传统的军事烟火器材（燃烧弹、照明弹、曳光弹、信号弹、烟幕弹等）不断推陈出新，新型军事烟火剂（红外照明剂、脉冲信号剂、红外诱饵剂、干扰烟幕剂、准合金燃烧剂、弹丸增程底部排气、软杀伤烟火剂等）也层出不穷。在高科技电子战中，对现代高科技的光电制导武器和探测观瞄器材可以利用烟火技术实施光电对抗无源干扰。烟火技术还可用于电影摄制，农业上的杀虫、人工降雨，交通运输业上的航海求救信号和铁路、高速公路烟火信号等。

4.3.1　烟火剂的成分

烟火剂是由氧化剂、可燃剂及黏合剂组成的混合药剂，发生燃烧反应时能够产生光、热、烟、声效应。常用的氧化剂是能够在高温下分解出氧，使可燃物燃烧的氯酸盐、高氯酸盐、硝酸盐、过氧化物、氧化物等物质。易燃的金属粉、木炭、硫、硅和硅化物以及金属硫化物等作可燃剂。虫胶、松香等天然树脂和酚醛树脂等合成树脂以及糊精和油类等作黏合剂，将氧化剂、可燃剂等黏结在一起，增加药剂强度，延缓燃烧速度。有色光剂中根据需要添加不同种的火焰染色剂：红光采用硝酸锶、碳酸锶、乙二酸锶；绿光采用硝酸钡、氯酸钡；黄光采用硝酸钠、乙二酸钠、冰晶石、氟化钠；蓝光采用铜粉、碳酸铜、巴黎绿以及其他铜的化合物。如果添加受热易升华的染料，就会得到有色发烟剂。

4.3.2　烟火剂的分类

烟火剂通常分为发光剂、发烟剂、燃烧剂、花火剂、声响剂、气动剂、有色闪烁剂、有色喷波剂等。发光剂包括照明剂、闪光剂、有色光剂和曳光剂等品种。

（1）照明剂包含金属可燃物、氧化物和黏合剂等数种物质。金属可燃物主要用镁粉和铝粉制成，氧化物是硝酸钡或硝酸钠。照明剂可用于制造照明弹及其他照明器材，如照明炸弹、照明航弹、火箭筒照明弹、照明手榴弹、照明枪榴弹和照明地雷以及手持照明火炬和飞机着陆用照明光炬等。

（2）闪光剂采用的是仅含铝镁合金或含铝镁合金粉和高氯酸钾的混合物，可用于制造闪光照明弹，供飞机航空摄影或电影摄制。

（3）有色光剂常用红、黄、绿、蓝、白等 5 种光色。红光药剂含有锶盐和氯化合物等，绿光药剂含有钡盐，黄光药剂含有钠盐，蓝光药剂含有铜盐。可用于制造各种信号弹、信号火炬和信号火箭以及五颜六色的烟花或礼花。

（4）曳光剂的基本成分与有色光剂相似，用于制造各种曳光弹，如曳光枪弹、曳光炮弹、穿甲曳光枪弹、穿甲燃烧曳光枪弹和红外曳光弹等。

发烟剂分为遮蔽发烟剂和有色发烟剂，常用的有黄磷、赤磷等。有色发烟剂中的染料或色素必须在高温下不分解，能够形成各种彩色的色素。例如，紫红色是罗丹明 B，红色是油红、对位红，橙色是甲基黄，天蓝色是酞菁蓝，深蓝色是纯靛蓝等。

燃烧剂通常分为金属燃烧剂、石油燃烧剂、石油与金属燃料混合物燃烧剂、黄磷燃烧剂以及金属有机化合物燃烧剂等。应用烟火剂在燃烧时产生高温以烧毁军事目标与各种建筑物。

花火剂的基本成分与军用烟火药相似，对发光强度要求不高，但色彩要绚丽，可燃物一般采用铝粉、铁粉、硫和木炭粉等。胶黏剂大多采用天然树脂和糊精。

声响剂也称发音剂，装填在烟花制品中，点燃后能够形成快速、间歇燃烧产生的气流往复运动，并与空气的振动共鸣，因而人们听到的声音像雷声、笛音、哨音或鸟音。

气动剂多用黑火药系列药剂，也可使用燃烧速度较快的喷波药剂，它能使烟花制品产生旋转、升空、前进、后退、抛射、喷洒等作用。烟火气体发生器是供弹射飞行员和座椅及汽车用充气安全气囊使用的各种药筒驱动装置。

有色闪烁剂是含有金属粉和能产生大量固体或液体的物料。烟花制品中有色闪烁剂被点燃后，氧化剂和金属粉迅速发生氧化还原反应，产生高温，发出亮光。与此同时，反应生成的固体和液体残渣瞬间能够覆盖在下一层药剂表面上，使其在短时间内处于低温辐射——熄灭状态，然后药剂又被引燃，又产生亮光。有色闪烁剂在燃烧过程中产生一亮一灭的脉动现象称为"闪烁"。

有色喷波剂以黑火药为基本成分，体系中含有较多的木炭粉或其他可燃金属粉。烟花药剂点燃后，除产生光色效果外，还能喷出许多彩色亮星或松针状细火花。

4.3.3　烟火剂的应用

军事上用发烟剂制造烟幕器材，如烟幕弹、发烟罐和发烟车等，用来产生烟幕；民用上除用于制造娱乐烟火制品外，还可用发烟剂防止农作物的霜冻、灭鼠杀虫等。军事上用有色发烟剂制造昼用信号弹，进行远距离白天传递信息或联络，也用于制造供飞机驾驶员跳伞着陆联络用的各种手持信号烟制品、航空表演时空中彩色飘带、供海上遇险求救传递信号用的海上漂浮信号烟器材。花火剂用于制造五彩缤纷的观赏烟火制品。军事上将声响剂用于制造供训练时模仿枪炮声和各种弹药的爆炸声响的教练弹，民用上多用于制造供娱乐和庆典用的鞭炮、双响炮、礼炮、拉炮和发令纸等。

4.4　火箭推进剂

当我们观看卫星发射的情景时，运载火箭点火以后，经过短短的数秒火箭庞大的躯体在巨大的火焰丛中就腾空而起飞入云霄，再经过十几分钟后运载火箭就能进入万米高空的地球卫星轨道。是什么燃料能产生这么大的推力呢？

火箭是利用火箭发动机产生的推力，用于运载一定载荷的飞行器，可用于大气层内及大气层外的飞行。其核心部分是火箭发动机，基本的工作原理是利用火箭推进剂在发动机中燃烧时产生的高温高压气体向外喷射时所产生的反作用力推动火箭本身运动。其中火箭推进剂对火箭的发展起到了巨大的作用。

1000多年前唐末宋初时期，我国就发明了世界上最早的原始的固体火箭，那时的火箭推进剂是黑火药。宋朝开始将火箭应用于军事目的，但在其后的近千年间，火箭在结构、推进剂上没有较大的发展，一直将火箭用于娱乐目的。随着科学技术的发展，火箭技术在近代得到了发展，特别是在现代，出于军事和探索太空的需要，各国对发展火箭技术越来越重视。

火箭发动机的特点是同时使用两种不同类型的化学物质（燃料和氧化剂）来支持燃烧反应，产生热排气。构成火箭推进剂的这两种化学物质的作用分别是，燃料为火箭提供燃烧的物质以产生热排气，氧化剂为燃烧过程供氧。因为所有的可燃物质发生燃烧反应时都要求有氧支持，在汽车和飞机的发动机都不需要装载氧化剂，大气中的充足氧气就可以支持发动机中的燃料燃烧，从而为发动机提供动力。火箭除了在大气层中飞行一段时间外，还要在缺乏氧气的太空中飞行，同时，火箭要在极短的时间使大量的燃料燃烧，因此必须自带足够的氧来支持燃烧室的燃烧反应。目前根据推进剂的状态将其划分为液体推进剂、固体推进剂和固液推进剂。

4.4.1　液体推进剂

　　液体推进剂是指氧化剂、燃烧剂均为液态的火箭推进剂，装在火箭的燃料箱中，已经在军事、航天领域上得到了广泛的应用。常用的液体火箭发动机燃料为液态烃类、混胺、肼类、硼烷、液氢、煤油等，氧化剂为浓硝酸、氧化氮、双氧水、四氧化二氮、液氧等。早期我国长征系列火箭下面级主要采用偏二甲肼和四氧化二氮作推进剂；而新一代大推力长征火箭采用下面级是液氧、煤油发动机和上面级是液氢、液氧发动机的配置，比冲更大，更为环保。如果火箭发射时有明亮浓烈火焰，一般可判断是采用了大量金属粉末燃料的固体助推器；如果火箭发射时火焰较为暗淡，一般是采用的液体发动机；如果火箭发射时有大量红棕色烟雾，一般说明采用了肼类燃料；如果火箭发射时有泡沫和冰块从外壳上掉落，说明采用了液氢、液氧推进剂。以下简单介绍几类液体推进剂。

　　（1）双氧水/煤油推进剂。苏联于 20 世纪五六十年代使用的推进剂以煤油作为燃烧剂、双氧水作为氧化剂，用于运载火箭的第一级发动机。其特点是价格较低，使用、保存条件要求不高，但由于其提供的推力有限，现在已基本不使用。

　　（2）硝酸/混胺推进剂。该推进剂系统的氧化剂为硝酸（由硝酸、四氧化二氮、氟化氢和磷酸等组成），燃烧剂为混胺（由二甲苯胺及三乙胺组成）。这一类推进剂使用较广泛，主要用于军事（如导弹）和航天领域（如运载火箭）。虽然这类推进剂可提供较大的推力，但其缺点也十分明显：腐蚀性大、吸湿性强、保存困难、保存期短、易泄漏、对大气污染大等，在航天方面有被取代的趋势。

　　（3）液氧/液氢推进剂。这一类推进剂系统以液氧为氧化剂、液氢为燃烧剂，是一种绿色推进剂，本身无毒，燃烧后对环境无污染。但由于液氢和液氧的沸点都很低，所以其保存需要超低温的储存箱，一旦温度超过沸点，液体变成气体，就无法再用做推进剂。液氢液氧发动机和液氧煤油发动机这两种液体发动机技术难度很大，目前只有美国、俄罗斯、法国、中国和日本等少数几个国家掌握这种低温液体火箭技术。我国用于发射"神舟"飞船的长征 2F 火箭、日本 H-2 火箭的主发动机都采用该推进剂。

　　（4）四氧化二氮/混肼-50 推进剂。这一类推进剂可在室温下储存，用混肼-50（含 50％肼的燃料）作燃烧剂，四氧化二氮作氧化剂，但其燃烧效率比较低。欧洲研制的"阿里安"号运载火箭，我国的"长征"系列运载火箭的第一、第二级燃料多数采用偏二甲肼和四氧化二氮的"二元推进剂"。如果错过了火箭发射的"气象时间窗"一段时间后，采用偏二甲肼和四氧化二氮的"二元推进剂"的火箭就必须更换火箭箭体，因为偏二甲肼有毒、有腐蚀性。

4.4.2 固体推进剂

固体推进剂，顾名思义是指推进剂均为固态，其优点是稳定、储存期长，但该技术难度相对较高，加工难度大，目前仅有少数航天强国完全掌握了大推力固体推进剂技术的研发、加工技术。军事上固体推进剂可用于各类火箭弹、导弹，航天上固体推进剂可用于航天飞机的助推火箭、大型运载火箭的助推器。

固体推进剂一般由氧化剂（如高氯酸铵）、金属燃料（如铝粉、钛粉、氢化铝）、高能炸药（如黑索金、硝化棉、硝化甘油）和黏合剂（如聚硫橡胶、聚氯乙烯、聚氯酯、聚丙烯酸-丙烯腈、聚丁二烯、聚氨基甲酸酯）四类组分构成。

常见的固体推进剂常以高分子黏合剂的名字命名。例如：

（1）PS/Al 推进剂。该推进剂的主要成分为聚硫橡胶（PS）和铝粉（Al），技术发展较早，主要缺点是比冲低、低温力学性能差，现在已较少使用此类推进剂。

（2）PBAN/AP/Al 推进剂。该推进剂的主要成分为聚丁二烯-丙烯腈（PBAN）、高氯酸铵（AP）和铝粉（Al）。目前美国航天飞机的助推火箭发动机采用该推进剂。

（3）CTPB/AP/Al 推进剂。该推进剂的主要成分为端羧基聚丁二烯（CTPB）、高氯酸铵（AP）和铝粉（Al），其特点是力学性能好，但是老化性能差。目前日本的科学探测火箭和部分运载火箭捆绑式助推器采用该推进剂。

（4）HTPB/AP/Al 推进剂。该推进剂的主要成分为端羟基聚丁二烯（HTPB）、高氯酸铵（AP）和铝粉（Al），此类推进剂的低温力学性能、老化性能好，是当今最主要的固体推进剂。我国的返回式卫星制动发动机、同步通信卫星的远地点发动机、近地点发动机都采用此类推进剂。

与液体推进剂相比，固体推进剂最大的优势在于它可以在室温下储存。固体火箭的箭体与液体火箭的箭体差别在于其内部没有推进剂储存箱，而是把整个火箭体的内部从上到下装满固体推进剂。固体推进剂的发动机不需要其他复杂的部件，而液体推进剂的发动机要求有专门的设备来控制液体注入燃烧室。在固体火箭体的中心有一条狭窄的缝隙贯穿推进剂的模芯，该缝隙称为燃烧室，它可使推进剂从上到下均匀燃烧。当然也正是这个原因，使得固体推进剂的燃烧不容易控制，在燃料没有烧完的情况下，很难实现发动机的关闭，因此不具备多次点火的能力。早期的固体火箭基本都是一次燃烧，但随着技术的发展，现在已经出现可以多次点火的固体火箭。

4.4.3 固液推进剂

在液体推进剂、固体推进剂之外，还有另一类推进剂，即固液推进剂。此类推进剂一般为相互分离的固态燃料与液态氧化剂相配合，也有相互分离的固态氧化剂与液态燃料相配合的方案。常用的氧化剂有液氧、四氧化二氮、浓硝酸、双氧水、液氟，常用的燃料有端羟基聚丁二烯（HTPB）、HTPB 与金属（Al）混合物或 HTPB 与非金属混合物。采用此类推进剂可以通过调节液态氧化剂的用量实现对火箭发动机的启动、停车的调控。此类推进剂工艺技术要求较简单，且生产费用较低，目前多用于航天器的顶级发动机上。

尽管目前使用的各类火箭推进剂技术比较成熟，但由于存在污染大、毒害大、储存困难、生产成本高等问题，火箭的使用受到限制。目前各国正积极开发大推力、低成本、无毒、少污染甚至无污染的推进剂，以加快人类探索太空、开发空间资源的步伐。

4.5　化 学 武 器

战争中用来杀伤对方有生力量、牵制和扰乱对方军事行动的有毒物质统称为化学战剂（chemical warfare agents，CWA）或简称毒剂。装填有 CWA 的弹药称为化学弹药。应用各种兵器，如步枪、各型火炮、火箭或导弹发射架、飞机等将毒剂施放至空间或地面，造成一定的浓度或密度，从而发挥其战斗作用。因此，化学战剂、化学弹药及其施放器材合称为化学武器，而 CWA 则是构成化学武器的基本要素。

4.5.1　化学武器的历史

历史上首次大规模使用化学武器是在第一次世界大战中位于比利时的伊泊尔地区。1915 年 4 月 22 日下午 6 点零 5 分，德军用突然袭击的方式，向英、法联军阵地施放 180 t 储存在约 6300 只钢瓶中的氯气，造成英、法联军 15 000 多人中毒、5000 多人死亡、5000 多人被俘，德军一举突破联军阵地。这就是历史上著名的“伊泊尔毒气战”。

自伊泊尔毒气战之后，许多交战国，如英、法、美等国为了在战场上制胜对方，都先后研制和使用了各种化学武器。仅第一次世界大战期间，各交战国使用的毒剂总量达 125 万 t，毒剂品种除氯气外，还有芥子气、光气、路易氏气、亚当氏气、氢氰酸等多达数十种，因毒剂中毒伤亡 130 多万人，占整个战争人员伤亡总数的 46%。

第二次世界大战全面爆发前，意大利侵略阿比西尼亚（现在的埃塞俄比亚）时首次使用芥子气和光气，仅在 1936 年的 1～4 月，中毒伤亡人数即达到 1.5 万，占作战伤亡人数的 1/3。第二次世界大战期间，在欧洲战场交战双方都加强了化学战的准备，化学武器储备达到了很高水平。各大国除加速生产和储备原有毒剂及其弹药外，还加强了新毒剂的研制，其中，取得实质性进展的是神经性毒剂。在亚洲战场侵华日军违反国际法，多次使用化学武器。有确切使用时间、地点及造成伤害情况记录的多达 1241 例，造成中国军民伤亡高达约 20 万之众。1945 年日本投降后，日军将大量化学武器掩埋在中国。根据中日双方专家的探测，仅化学炮弹的总数就超过 40 万枚，日遗"化武"东三省最集中。从第二次世界大战结束至今，世界上局部战争和大规模武装冲突不断发生，其中被指控使用化学武器和被证实的有美侵朝战争、美侵越战争、原苏联入侵阿富汗等。20世纪 80 年代初开始的两伊战争，伊拉克在进攻失利、失去主动权的紧急时刻使用化学武器，这对扭转被动局面、最终实现停火发挥了重要作用。

20 世纪 70 年代以来化学武器出现一些新的趋势，一是局部地区化学武器使用频繁；二是化学武器以惊人的速度向世界扩散。目前掌握化学武器生产技术的国家已有 20 多个，拥有化学战能力的国家也在不断增加。从发展方向看，一些化学武器大国主要在以下几个方面加强研制：一是发现新型毒剂，增强其杀伤作用；二是不断改进化学武器的使用手段，提高其实用性能；三是逐步将化学武器纳入常规武器系统；四是解决化学武器在生产、储存、运输、使用过程中的各类问题，如实现二元化、弹药子母化、集束化，做到一弹多药或多弹一药等。

化学武器是国际公约禁止使用的非常规武器。例如，1899 年和 1907 年的两次海牙会议、1925 年日内瓦议定书等都禁止使用化学武器。1993 年 1 月 13 日，国际社会缔结了《关于禁止发展、生产、储存和使用化学武器及销毁此种武器的公约》(Convention on the Prohibition of the Development, Production, Stock-piling and Use of Chemical Weapons and on Their Destruction)，简称《禁止化学武器公约》(Convention on the Banning of Chemical Weapons，CWC)，它是第一个全面禁止、彻底销毁一整类大规模杀伤性武器并具有严格核查机制的国际军控条约，对维护国际和平与安全具有重要意义。《禁止化学武器公约》草案是由负责裁军事务的联合国大会第一委员会经过长达 20 多年的艰苦谈判后，由第47 届联合国大会一致通过，1997 年 4 月 29 日生效的。

《禁止化学武器公约》包括 24 个条款和 3 个附件。主要内容是签约国将禁止使用、生产、购买、储存和转移各类化学武器；将所有化学武器生产设施拆除或转作他用；提供关于各自化学武器库、武器装备及销毁计划的详细信息；保证不把除莠剂、防爆剂等化学物质用于战争目的等。条约中还规定由设在海牙的一个机构经常进行核实。公约规定所有缔约国应在 2012 年 4 月 29 日之前销毁其拥有的化学武器。

我国已批准《禁止化学武器公约》，成为该公约的原始缔约国。我国政府和人民一贯主张禁止使用大规模杀伤性武器，严格恪守《禁止化学武器公约》，为维护世界和平作出了重大贡献。

4.5.2　化学武器的种类

1. 毒剂

毒剂又称化学毒剂、化学战剂、军用毒剂，是军事行动中以毒害作用杀伤人畜的化学物质。它是化学武器的基础，对化学武器的性能和使用方式起着决定作用。

通常，按化学毒剂的毒害作用把毒剂分为六类：神经性毒剂、糜烂性毒剂、失能性毒剂、刺激性毒剂、全身中毒性毒剂、窒息性毒剂。

（1）神经性毒剂为有机磷酸酯类衍生物，分为 G 类和 V 类神经毒。G 类神经毒是指甲氟膦酸烷酯或二烷氨基氰膦酸烷酯类毒剂，主要代表物有塔崩（二甲胺基氢膦酸乙酯）、沙林（甲基氟膦酸异丙酯）、梭曼（甲基氟膦酸特己酯）。V 类神经毒是指 S-二烷氨基乙基甲基硫代膦酸烷酯类毒剂，主要代表物有维埃克斯 [S-(2-二异丙基氨乙基)-甲基硫代膦酸乙酯]。神经性毒剂可通过呼吸道、眼睛、皮肤等进入人体，并迅速与胆碱酶结合使其丧失活性，引起神经系统功能紊乱，出现瞳孔缩小、恶心呕吐、呼吸困难、肌肉震颤等症状，重者可迅速致死。

（2）糜烂性毒剂的主要代表物是芥子气（2,2′-二氯二乙硫醚）、氮芥（三氯三乙胺）和路易氏气（氯乙烯氯胂）。糜烂性毒剂主要通过呼吸道、皮肤、眼睛等侵入人体，破坏肌体组织细胞，造成呼吸道黏膜坏死性炎症、皮肤糜烂、眼睛刺痛畏光甚至失明等。这类毒剂渗透力强，中毒后需长期治疗才能痊愈。抗日战争期间，侵华日军先后在我国 13 个省 78 个地区使用化学毒剂 2000 次，其中大部分是芥子气。

（3）失能性毒剂是一类暂时使人的思维和运动机能发生障碍从而丧失战斗力的化学毒剂。其中主要代表物是 1962 年美国研制的毕兹（二苯基羟乙酸-3-喹咛环酯），该毒剂为无嗅、白色或淡黄色结晶，不溶于水，微溶于乙醇。战争使用状态为烟状，主要通过呼吸道吸入中毒。中毒症状有：瞳孔散大、头痛幻觉、思维减慢、反应呆痴、精神错乱、嗜睡、身体瘫痪、体温或血压失调等。

（4）刺激性毒剂是一类刺激眼睛和上呼吸道的毒剂。按毒性作用分为催泪性和喷嚏性毒剂两类。催泪性毒剂主要有氯苯乙酮、西埃斯（邻-氯代苯亚甲基丙二腈）。喷嚏性毒剂主要有亚当氏气（氯化二苯胺胂）。战争使用状态为烟状，中毒后出现眼痛流泪、咳嗽喷嚏等症状，但通常无致死的危险。

（5）全身中毒性毒剂是一类破坏人体组织细胞氧化功能、引起组织急性缺氧的毒剂，主要代表物有氢氰酸、氯化氢等。氢氰酸是氰化氢（HCN）的水溶液，有苦杏仁味，可与水及有机物混溶。战争使用状态为蒸气状，主要通过呼吸道吸入中毒，其症状表现为恶心呕吐、头痛抽风、瞳孔散大、呼吸困难等，重者可迅速死亡。第二次世界大战期间，德国法西斯曾用氢氰酸一类毒剂残害了集中营里250万战俘和平民。

（6）窒息性毒剂是指损害呼吸器官、引起急性中毒性肺水肿而造成窒息的一类毒剂，其代表物有光气、氯气、双光气等。光气（$COCl_2$）常温下为无色气体，有烂干草或烂苹果味，难溶于水，易溶于有机溶剂。在高浓度光气中，中毒者在几分钟内由于反射性呼吸、心跳停止而死亡。

2. 化学武器

狭义的化学武器是指各种化学弹药和毒剂布洒器。化学弹药是指战斗部内主要装填毒剂的弹药，主要有化学炮弹、化学航弹、化学手榴弹、化学枪榴弹、化学地雷、化学火箭弹和导弹的化学弹头等。由两种以上可以生成毒剂的无毒或低毒的化学物质构成的武器称为二元化学武器。化学物质分装在弹体中由隔膜隔开的容器内，在投射过程中隔膜破裂，上述物质依靠旋转或搅拌混合而迅速生成毒剂。

化学武器按毒剂分散方式可分为以下三种基本类型：

（1）爆炸分散型。借炸药爆炸使毒剂成气雾状或液滴状分散，主要有化学炮弹、航弹、火箭弹、地雷等。

（2）热分散型。借烟火剂、火药的化学反应产生的热源或高速热气流使毒剂蒸发、升华，形成毒烟（气溶胶）、毒雾。主要有装填固体毒剂的手榴弹、炮弹及装填液体毒剂的毒雾航弹等。

（3）布洒型。利用高压气流将容器内的固体粉末毒剂、低挥发度液态毒剂喷出，使空气、地面和武器装备染毒。主要有毒烟罐、气溶胶发生器、布毒车、航空布洒器和喷洒型弹药等。

化学武器按装备对象可分为步兵化学武器，炮兵、导弹部队化学武器和航空兵化学武器三类。它们分别适用于小规模、近距离攻击或设置化学障碍；快速实施突袭；集中的化学袭击和化学纵深攻击；以及灵活机动地实施远距离、大纵深、大规模的化学袭击。

4.5.3　化学武器的防护

化学武器虽然杀伤力大、破坏力强，但由于使用时受气候、地形、战情等的影响，故具有很大的局限性。而且，与核武器和生物武器一样，化学武器也是可以防护的。化学袭击的效果取决于对方化学防护的有效性，也就是说化学武器只能对毫无准备、缺乏训练和防护设备差的部队造成很大的危害。但对训练有素、有着良好防护的部队来说，敌人就会考虑使用化学武器是否合算，并最终动摇敌人使用化学武器的决心或计划。

防化器材又称防化装备或"三防"装备,是用于防核武器、化学武器、生物武器袭击的侦检、防护、洗消、急救的各种器材、装备的总称。

(1) 侦检器材。通常由报警、侦毒、化验器材和毒剂侦察车等组成。

(2) 防护器材。分为个人和集体防护器材,前者指用于个人防止毒剂、放射性灰尘和生物战剂气溶胶伤害的器材,包括防毒面具、防毒衣、防毒斗篷、防毒手套、防毒靴套等。集体防护器材包括永备工事、特种车辆的集防装置、野战掩蔽部、过滤通风设备等。

防毒面具分为过滤式和隔绝式两种,过滤式防毒面具主要由面罩、导气管、滤毒罐等组成。滤毒罐内装有滤烟层和活性炭,滤烟层由纸浆、棉花、毛绒、石棉等纤维物质制成,能阻挡毒烟、雾、放射性灰尘等毒剂。活性炭经氧化银、氧化铬、氧化铜等化学物质浸渍,不仅具有强吸附毒气分子的作用,而且有催化作用,使毒气分子与空气及化合物中的氧发生化学反应转化为无毒物质。隔绝式防毒面具中,有一种化学生氧式防毒面具,主要由面罩、生氧罐、呼吸气管等组成。使用时人员呼出的气体经呼气管进入生氧罐,其中的水汽被吸收,二氧化碳则与罐中的过氧化钾和过氧化钠反应,释放出的氧气沿吸气管进入面罩。

(3) 洗消器材。包括个人洗消设备、小型洗消设备、大洗消设备、核生化战场上的供水设备等。

(4) 急救器材。包括解磷针、次氯酸钙悬浮液、一氯胺的乙醇溶液、氧气等。

防护措施主要有:①探测通报,采用各种现代化的探测手段,清楚敌方化学袭击的情况,了解气象、地形,并及时通报;②破坏摧毁,采用各种手段破坏敌方的化学武器和设施等;③防护,根据军用毒剂的作用特点和中毒途径,防护的基本原理是设法把人体与毒剂隔绝,同时保证人员能呼吸到清洁的空气,如构筑化学工事、器材防护(戴防毒面具、穿防毒衣)等;④消毒,主要是对神经性毒剂和糜烂性毒剂染毒的人、水、粮食、环境等进行消毒处理;⑤急救,针对不同类型毒剂的中毒者及中毒情况,采用相应的急救药品和器材进行现场救护,并及时送往医院治疗。

思　考　题

1. 化学可以用在军事领域的哪些方面?

2. 烟花与爆竹的主要成分有哪些异同?

3. 火箭推进剂有哪些种类?

4. 谈谈你对化学武器的研制和使用的看法。

第 5 章　化学与能源

5.1　概　述

能源是现代社会繁荣和发展的一大支柱，已成为人类文明进步和经济发展的先决条件。国际上往往以能源的人均占有量、能源构成、能源使用效率和对环境的影响程度来衡量一个国家现代化的程度。

我国是发展中大国，也是世界第二大能源生产国和消费国。我国现有 13 亿人口，人均消费能源很低。在一次能源消费中，煤炭所占的比例接近 70%。自从 20 世纪 50 年代爆发石油危机以后，人们清楚地认识到能源是全球性的重大问题，这包括能源短缺和能源环保两方面的大问题。为了保障能源安全和减轻对环境的影响，积极推动清洁煤技术等高效率利用化石燃料方面的技术研发，加强可再生能源开发利用，是应对日益严重的能源和环境问题的必由之路，也是人类社会实现可持续发展的必由之路。

事实已经表明，化学在能源的开发和利用方面扮演着重要的角色，石油和煤的清洁利用，太阳能、氢能、核能等重大新能源的开发，新型绿色化学电源的研究和生物质能源的开发等，都离不开化学这一中心科学的参与。

5.2　石 油 炼 制

简单地说，石油是埋藏在地下沉积层中的部分分解的有机物，是上千种化合物的复杂混合物，其中最主要的成分是直链烷烃，每个石油烃分子可能含 1~60 个 C 原子。从元素组成看，主要是 C 和 H，此外还有 O、N 和 S 等。石油中 S 和 N 的含量因产地不同而异，如阿拉伯原油中含 S 约 1.74%，N 约 0.14%；而我国胜利油田产的原油含 S 约 0.81%，N 约 0.41%。可以看出，胜利油田的原油含 S 较低，而含 N 较高。杂质元素的含量越低，使用时可能产生的污染越低。

直接开采出来的石油称为原油，使用价值很低。为了提高其使用价值，需要进行加工或炼制，这里统称为石油炼制，并把这个行业列为石油化工工业。在炼油过程中，将原油分离或转化为由性质相似的化合物组成的各种馏分。目前，石油炼制分为分馏、催化裂化/裂解、催化重整及加氢精制等几类物理化学过程。

5.2.1　分馏

　　分馏是利用多组分体系中物质的沸点不同而进行分离的过程，其理论依据是物理化学中的相平衡理论。原油是各种烃的混合物，因此没有固定的沸点。当用泵将原油打入工业规模的分馏塔后，混合物被加热，随着温度的升高，沸点低的组分先气化，经过冷凝后分离出来。随着温度的继续升高，较高沸点的烃又气化，经过冷凝后又分离出来，这样不断的加热和冷凝，就可以把原油分成不同沸点范围的蒸馏产物，称为不同的馏分。而塔底剩下的残留物就是重油，含石蜡、沥青等成分。图 5.1 示出了分馏塔的工作原理和主要馏分及馏分的典型用途。可以看出，主要馏分包括短链烃气体（常称为炼厂气，室温左右就挥发出来）、汽油、煤油/柴油、润滑油及重油残渣。在原油中上述馏分并不是等比例构成的，并且社会上对各种组分的需求量也是不同的，其中对汽油的需求量最大。为了满足人们的需求，化学家开发了另一种炼油过程——催化裂化。

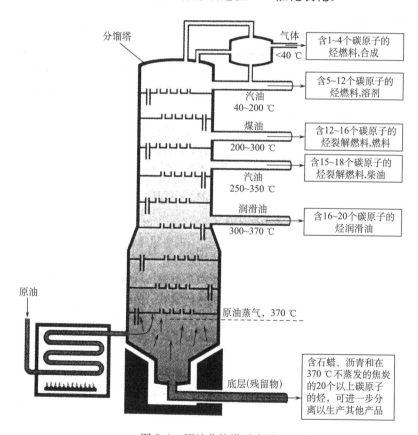

图 5.1　原油分馏塔示意图

5.2.2　催化裂化/裂解

　　裂化是在一定条件下，将长链的油分子断裂为适于在汽油中使用的短链分子的化学过程。例如，含 16 个碳原子的烃可被裂化为两个几乎相等的分子或两个大小不同的烃分子。

$$C_{16}H_{34} \longrightarrow C_8H_{18} + C_8H_{16}$$
$$C_{16}H_{34} \longrightarrow C_5H_{12} + C_{11}H_{22}$$

　　在这个过程中，碳原子和氢原子数都不变，但大分子转变为在经济上更重要的小分子。较早时期，这个过程通过把反应物加热到很高的温度来实现，称为热裂化。现在，随着化学理论和技术的发展，通过使用催化剂和催化技术，在较低的温度下便可实现，并且生产效率大大提高，称为催化裂化。利用催化裂化，除了提高汽油比例外，还可从石油中得到乙烯、丙烯、丁烯等重要的化工原料。

　　通常，裂解是指在比裂化更高的温度及压力下，将石油馏分中的长链烃断裂成乙烯、丙烯、丁烯等短链烃的炼油过程，或者说裂解是一种深度裂化。目前石油裂解已成为生产乙烯的重要方法。

　　世界各国的化学家已经开发出了许多高效的裂化/裂解催化剂，如无定形硅铝催化剂、X 型分子筛[如 $Na_{86}(AlO_2)_{86}$ $(SiO_2)_{106} \cdot 264H_2O$]、Y 型分子筛[如 $Na_{56}(AlO_2)_{56}$ $(SiO_2)_{136} \cdot 250H_2O$] 等。虽然取得很大成绩，但目前该领域的研究工作仍在继续，以研制出选择性更好、效率更高、价格更便宜的催化剂和技术。

5.2.3　催化重整

　　汽油主要用于内燃机，如汽车、摩托车等。在发动机中，汽油应在燃烧冲程中燃烧，但有的汽油在压缩过程中就燃烧造成爆炸，这种不正常的燃烧现象称为汽油的爆震性。汽油的爆震性与汽油的成分有密切的关系。为了表示汽油的抗爆震性能，人们提出了"辛烷值"这个指标，用以衡量气油在气缸内的抗爆震性能，其值越高表示抗爆震性能越好。具体规定是，异辛烷（2,2,4-三甲基戊烷）的抗爆震性能好，完全由它组成的"汽油"辛烷值规定为 100；正庚烷的抗爆震性能差，完全由它组成的"汽油"辛烷值规定为 0。这样，若汽油的辛烷值标为 92♯，则表示它的抗爆震性能与由 92% 的异辛烷和 8% 的正庚烷组成的混合物"汽油"相当。为了提高汽油的辛烷值，人们进行了很多研究。例如，过去曾采用向汽油中加入四乙基铅 [$Pb(C_2H_5)_4$，一种有香味的无色液体] 的办法来提高辛烷值，并把这种汽油称为"含铅汽油"。因为，1 L 汽油中若加入 1 mL 四乙基铅，可以将辛烷值提高 10～12 个标号。但在使用中很快就发现，"含铅汽油"有两个致命的问题,一是会造成气缸积炭,二是汽车尾气含铅导致严重的空气污染,现已被禁止使用。如何提高汽油的辛烷值呢?研究表明,采用的替代措施是加入甲基叔丁基醚(MTBE)、乙醇等含氧燃料作为辛烷助剂(增效剂),而更重要的是采用化学方法改变或调整汽油组分的结构,这种方法就是重整。

催化重整是指在一定条件下,使用催化剂将汽油中的某些直链烷烃组分转变为支链烷烃异构体,从而提高汽油辛烷值的化学反应过程。在炼化厂,催化重整还包含将石脑油组分进行重排以生产化工原料芳香烃(苯、甲苯、二甲苯,简称BTX),同时副产氢气的石油加工过程。目前,催化重整使用的催化剂主要由金属组分与酸性组分组成。金属组分主要是稀土或铂、钯、铼、铑、铱等贵金属,酸性组分为卤素(氟或氯),载体为氧化铝。其中金属构成脱氢活性中心,促进脱氢反应;而酸性组分提供酸性中心,促进裂化、异构化等反应。改变催化剂中的酸性组分及其含量可以调节其酸性功能。按照活性金属的类别和含量的高低,重整催化剂可分为单金属、双金属和多金属催化剂三类。单金属催化剂一般是单铂催化剂,以 Al_2O_3 为载体,以铂为活性组分,并含有一定量的酸性组分卤素;双金属催化剂,如铂-铼、铂-锡催化剂;多金属催化剂,如铂-铼-钛催化剂。双金属催化剂和多金属催化剂具有以下优点:良好的热稳定性,对结焦不敏感,对原料适应性强,使用寿命长。

当前工业上广泛使用的催化剂有铂、铼或同时使用铂和铼。根据所使用的催化剂不同,重整分别称为铂重整、铼重整或铂铼重整。

5.2.4　加氢精制

由于石油中有含 N 和 S 的杂环化合物,在分馏、催化裂化或重整中不能除去,这样得到的汽油在燃烧过程中会生成氮氧化物(NO_x)和硫氧化物(SO_2),造成严重的空气污染。人们发现,通过加氢精制可以有效地解决这个问题。加氢精制是指在一定的温度和压力下,采用催化剂将油品中的硫、氮等有害杂质与氢气反应转变为相应的硫化氢、氨而除去,并使烯烃和二烯烃加氢饱和、芳烃部分加氢饱和,以改善油品质量的过程。有时,加氢精制指轻质油品的精制改质,而加氢处理指重质油品的精制脱硫。在加氢精制使用的催化剂中,活性金属组分一般由钼、钨、钴、镍等金属组成,催化剂载体主要为氧化铝或分子筛,有时还加入磷作为助催化剂。喷气燃料中的芳烃部分加氢则选用镍、铂等金属。

无论是裂化/裂解、重整或加氢精制,都离不开高效的催化剂,催化剂的研制和使用是石油化工领域的核心技术。

5.3　煤炭的清洁利用

煤是由远古时代的植物经过复杂的生物化学、物理化学和地球化学作用转变而成的固体可燃物,是重要的常规化石能源之一。在我国的一次能源消费中,煤炭所占的比例接近 70%。煤由可燃质、灰分及水分组成。可燃质的主要元素组成为 C、H、O、N 和 S,折算平均组成可近似表示为 $C_{135}H_{96}O_9NS$;灰分为各种无机矿物质,如 SiO_2、Al_2O_3、Fe_2O_3、CaO、MgO、K_2O、Na_2O 等。若不进行处理,将煤直接燃烧会产生矿质颗粒粉尘、氮氧化物和硫氧化物,从而造成严重的环境污染,这也就是能源环保问题。为此,迫切需要不断开发适用的煤炭清洁利用技术,通称清洁煤技术。

清洁煤技术是指在煤炭从开发到利用全过程中,旨在减少污染排放与提高利用效率的加工、燃烧、转化和污染控制等新技术的总称,主要包括两个方面。一是直接烧煤洁净技术,这是在直接烧煤的情况下,采取相应的技术措施:①燃烧前的净化加工技术,主要是洗选、型煤加工和水煤浆技术;②燃烧中的净化燃烧技术,主要是流化床燃烧技术和先进燃烧器技术;③燃烧后的净化处理技术,主要是消烟除尘和脱硫脱氮技术。二是煤转化为洁净燃料技术,主要包括煤的气化以及液化技术、煤气化联合循环发电技术和燃煤磁流体发电技术。清洁煤技术是当前国际上解决环境问题的主导技术之一,也是高技术国际竞争的重要领域之一。多年来,我国围绕提高煤炭开发利用效率、减轻环境污染进行了大量的研究开发和推广工作,随着国家宏观发展战略的转变,已把清洁煤技术作为可持续发展和实现两个根本转变的战略措施之一,得到了国家的大力支持。

5.3.1　煤炭气化

煤炭气化是指煤在特定的设备内,在一定温度、压力及氧气不足的情况下,使煤中有机质部分氧化并转化为由 CO、H_2、CH_4 等组成的可燃气体的过程。煤炭气化时,必须具备 3 个条件,即气化炉、气化剂和供给热量,三者缺一不可。煤炭气化流程示意图如图 5.2 所示。

气化生成的产物俗称煤气,已广泛用于民用燃气、工业燃气、化工合成及燃料油合成原料气、冶金工业用的还原气及联合循环发电用的燃气等。煤炭气化过程中还副产大量的硫酸铵。

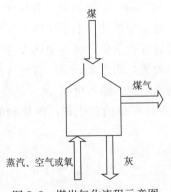
图 5.2　煤炭气化流程示意图

5.3.2　煤炭液化

煤炭液化是指在一定条件下通过化学反应过程将固体煤炭转化成液体燃料、化工原料和产品的过程，是一类先进的洁净煤技术。根据不同的反应路线，煤炭液化可分为直接液化和间接液化两大类。

直接液化是在高温（400 ℃以上）、高压（10 MPa以上）及催化剂与溶剂的作用下使煤的分子进行裂解直接转化成液体燃料，再进一步通过类似石油炼制中使用的加氢精制得到汽油、柴油等燃料油。煤直接液化粗油中石脑油馏分占15%～30%，且芳烃含量较高，加氢后的石脑油馏分经过重整即可得到高辛烷值汽油和丰富的芳烃原料；中油占全部直接液化油的50%～60%，芳烃含量高达70%以上，经深度加氢后可获得合格柴油；重油馏分一般占液化粗油的10%～20%，有的工艺该馏分很少，由于杂原子和沥青烯含量较高，加工较困难，可以作为燃料油使用。煤液化时，中油和重油的混合物经加氢裂化也可以制取汽油。

煤的间接液化是先将煤全部气化成合成气（一氧化碳和氢气），然后以煤基合成气为原料，在一定温度和压力下，将其催化合成为烃类燃料油及化工原料或产品的反应过程，包括煤炭气化制取合成气、气体净化与交换、催化合成烃类产品以及产品分离和精制加工等过程。据报道，南非的萨索尔公司在该领域处于世界领先地位，20世纪80年代初已可通过间接液化年加工原煤约4600万t，产品总量达768万t。主要生产汽油、柴油、蜡、氨、乙烯、丙烯、聚合物、醇、醛等113种产品，其中油品约占60%，化工产品约占40%。

5.3.3　煤炭焦化

煤炭焦化又称煤炭干馏，是指以煤为原料，在隔绝空气条件下加热，经高温干馏使煤炭分解，生成固态的焦炭、液态的煤焦油和气态的焦炉气的煤转化工艺。为保证焦炭质量，选择炼焦用煤的最基本要求是挥发分、黏结性和结焦性。绝大部分炼焦用煤必须经过洗选，以保证尽可能低的灰分、硫和磷含量。根据加热温度的不同，焦化产品质量也不同，有低温（500～600 ℃）、中温（750～800 ℃）和高温（1000～1100 ℃）干馏之分。

焦炭、煤焦油和焦炉气是三种主要的焦化产品，现分别介绍如下：

（1）焦炭是炼焦最重要的产品，大多数国家的焦炭90%以上用于高炉炼铁，其次用于铸造和有色金属冶炼工业，少量用于制取碳化钙、二硫化碳、元素磷等。在钢铁联合企业中，焦粉还用作烧结的燃料。焦炭也可作为制备水煤气的原料或制取合成用的原料气。

（2）煤焦油是焦化工业的重要产品，其产量占装炉煤的 $3\%\sim4\%$，组成极为复杂，多数情况下是由煤焦油工业专门进行分离、提纯后加以利用。例如，分离出苯、二甲苯、苯酚、萘、蒽、菲等化工原料，是合成医药、农药等行业的原料；还可分离得到吡啶和喹啉。

（3）焦炉气含有可燃气体 CO、CH_4 和 H_2，还含有乙烯、氨和苯等。氨常以硫酸铵、磷酸铵或浓氨水等形式加工成化肥。苯等芳烃化合物可冷凝成煤焦油。

总之，煤既是能源，也是重要的化工原料。前已提到，我国煤炭资源比较丰富，无论是洁净煤技术的开发还是煤的综合利用都需要继续深入研究，这具有极其重要的意义，在这一领域化学必将继续发挥重要作用。

5.4　化 学 电 源

化学电源又称电池，简单地说，是一种能将化学能直接转变成电能的装置，它通过负极和正极之间的电子或离子转移而获得电能，是当前物理化学学科的重要研究对象。联系一下实际生活就可以发现，手持式移动电话机（以下简称“手机”）、笔记本式计算机（以下简称“笔记本电脑”）、MP3、数字照相机（以下简称“数码相机”）、计算器等便携式电子设备市场对于精制小巧、可移动、重量轻、寿命长等电池的需求量是多么大！迫于环境保护的压力，人们对燃料电池汽车又是怎样的憧憬！这些都促进了新型和先进化学电源、新型电极材料及化学电源制造技术的发展。这里介绍几种常见的或先进的化学电池。

5.4.1　锂离子电池

锂离子电池是当前用量很大的一种充电电池，它主要依靠锂离子（Li^+）在正极和负极之间移动来工作。在充、放电过程中，Li^+ 在两个电极之间往返嵌入和脱嵌：充电时，Li^+ 从正极脱嵌，经过电解质嵌入负极，负极处于富锂状态；放电时则相反。需要注意，锂离子电池与锂电池不同，后者的负极是锂单质。在市场上还有一种锂离子聚合物电池，与通常说的锂离子电池也不同，它用多聚物取代液态有机溶剂。

图 5.3 和图 5.4 分别是市场上出售的笔记本电脑用锂离子电池和圆柱形锂离子电池的外观照片，一般来讲，电池由以下五部分构成：①正极，活性物质有锰酸锂、钴酸锂、镍钴锰酸锂及磷酸铁锂等材料；②隔膜，一种特殊的复合膜，可以让离子通过，但却是电子的绝缘体；③负极，活性物质多为石墨等碳材料，新的研究发现钛酸盐可能是更好的材料；④电解液，电解质常采用锂盐［如高氯酸锂（$LiClO_4$）、六氟磷酸锂（$LiPF_6$）、四氟硼酸锂（$LiBF_4$）］，溶剂不能用水，

因为电池的工作电压远高于水的分解电压，锂离子电池常采用有机溶剂（如乙醚、乙烯碳酸酯、丙烯碳酸酯和二乙基碳酸酯等）；⑤电池外壳，分为钢壳、铝壳、镀镍铁壳和铝塑膜等。

以磷酸铁锂锂离子电池为例，电池放电和充电时发生的电极反应如下。

放电时，负极：$Li_xC_6 \longrightarrow xLi^+ + xe^- + 6C$（锂离子脱嵌）

正极：$FePO_4 + xLi^+ + xe^- \longrightarrow Li_xFePO_4$（锂离子嵌入）

总反应：$Li_xC_6 + FePO_4 \longrightarrow Li_xFePO_4 + 6C$

充电时，负极：$xLi^+ + xe^- + 6C \longrightarrow Li_xC_6$（锂离子嵌入）

正极：$Li_xFePO_4 \longrightarrow FePO_4 + xLi^+ + xe^-$（锂离子脱嵌）

总反应：$Li_xFePO_4 + 6C \longrightarrow Li_xC_6 + FePO_4$

图 5.3　笔记本电脑用锂离子电池

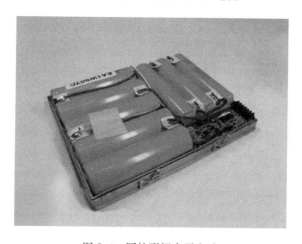

图 5.4　圆柱形锂离子电池

5.4.2　碱锰电池

　　碱锰电池也称碱性电池或碱性锌锰电池,是在传统锌锰干电池的基础上发展起来的更新换代产品,放电容量和放电性能大大提高。某些型号的产品还可充电使用几十次到几百次。

　　图 5.5 为碱性电池的结构与工作示意图。可以看出,其主要组成部分包括:①正极,由二氧化锰和炭黑构成,石墨棒为集流极,二氧化锰的性能对电池具有重要影响;②负极,活性物质为单质锌,最早使用锌片,后来发展到使用汞齐化的锌粒和锌粉,目前又发展到使用无汞锌粉(含添加剂);③电解液,以前使用氯化铵和氯化锌溶液,现在使用 KOH 溶液;④外壳,如使用镀镍钢壳,外面带一铜制或钢制的正极帽 。

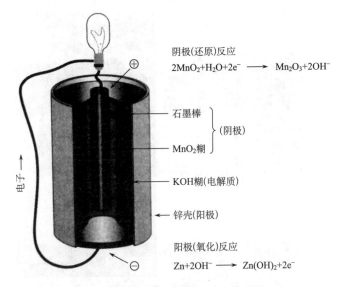

阴极(还原)反应
$$2MnO_2+H_2O+2e^- \longrightarrow Mn_2O_3+2OH^-$$

石墨棒　}(阴极)
MnO_2糊

KOH糊(电解质)

锌壳(阳极)

阳极(氧化)反应
$$Zn+2OH^- \longrightarrow Zn(OH)_2+2e^-$$

电子 →

⊕　⊖

图 5.5　碱性电池的结构与工作示意图

　　碱性锌锰电池放电时发生的电极反应如下。

　　负极:$Zn\,(s)+2OH^-\,(aq) \longrightarrow Zn(OH)_2\,(s)+2e^-$

　　正极:$2MnO_2\,(s)+H_2O\,(l)+2e^- \longrightarrow Mn_2O_3\,(s)+2OH^-\,(aq)$

　　总反应:$2MnO_2\,(s)+Zn\,(s)+H_2O(l) \longrightarrow Mn_2O_3\,(s)+Zn(OH)_2(s)$

　　由于碱锰电池具有大电流放电、电容量大、低温性能和防漏性能好、性能价格比高等优点,故广泛用于民用和工业。特别适用于闪光照相机、微型收录机、摄像机、对讲机、剃须刀、游戏机、玩具、计算器、手电筒、遥控器和电子钟表等。

5.4.3　燃料电池

　　燃料电池与前述两种电池的区别在于：它不是把电极反应物（如 H_2 和 O_2）全部储存在装置内，而是在工作时不断地从外界输入反应物，同时将电池反应产物（如 H_2O）不断地排除，从而实现连续地将化学反应能转化为电能。它可以利用化学燃烧反应发电，也能很好地解决能源使用中经常带来的环境污染问题。因此，燃料电池被认为是今后发展前景好的能源形式，引起了世界各国的重视，也引起了科学家的强烈兴趣。

　　在燃料电池中，将阳极和阴极分开的材料与传统伽伐尼电池中电解质的作用一样。改变燃料电池中的电解质将改变其性能，也改变其用途。最常用的电解质是磷酸溶液〔称为磷酸燃料电池（phosphoric acid fuel cell，PAFC）〕和氢氧化钾溶液〔称为碱性燃料电池（alkaline fuel cell，AFC）〕。据报道，美国航空航天局在宇宙飞船中使用的氢燃料电池正是这两种类型。近年来，人们相继研发出了熔融碳酸盐燃料电池（molten carbonate fuel cell，MCFC）、固体氧化物燃料电池（solid oxide fuel cell，SOFC）和质子交换膜燃料电池（proton exchange membrane fuel cell，PEMFC）等。PEMFC 采用固体高分子材料作电解质并隔开反应物，高分子电解质膜又称质子交换膜（proton exchange membrane，PEM），对质子（H^+）具有通透性，膜两侧涂覆铂基催化剂。这些电解质可以在较低的温度（70~90 ℃）下工作，具有快速转移电子的能力。因此，质子交换膜燃料电池具有较好的发展前景。图 5.6 为其工作原理示意图。工作时，两个电极发生的反应如下。

　　负极：$H_2(g) \longrightarrow 2H^+(aq) + 2e^-$

　　正极：$\frac{1}{2}O_2(g) + 2H^+(aq) + 2e^- \longrightarrow H_2O(l)$

　　总反应：$H_2(g) + \frac{1}{2}O_2(g) \longrightarrow H_2O(l)$

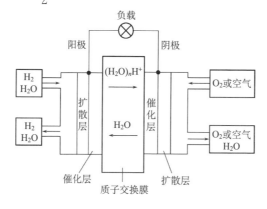

图 5.6　PEMFC 工作原理示意图

　　需要说明的是，燃料电池的还原剂不只是氢气，还可以是甲醇、天然气和城市煤气等可燃气体。图 5.7 是几种燃料电池汽车的照片。

图 5.7　几种燃料电池汽车的照片

5.5　光 伏 能 源

　　太阳能具有可再生和环保等特点，这种优势让包括我国在内的许多国家将太阳能作为重点发展的新能源产业。光伏能源是指利用某些半导体材料的光伏效应将太阳能直接转化成电能。光伏效应是指某些半导体材料的 p-n 结在光照射下形成光生电动势的现象。目前，应用最广泛的是硅半导体材料，以硅材料应用开发形成的产业链条称为“光伏产业”，包括高纯多晶硅与单晶硅原材料的生产、太阳能电池的生产、太阳能电池组件的生产以及相关生产设备的制造等。

　　光伏技术关注光伏电池的研究成果，并将其发展成为可满足人们能源需求的实用电源装置。一个计算器或电子表只需几个光伏电池就可以产生足够的电能。如果需要更大的功率，可以将光伏电池连接在一起组装成阵列，以提供可供大规模应用的电力。图 5.8 和图 5.9 为两个实例。

图 5.8　某地光伏电站

图 5.9　太阳能路灯

　　图 5.10 给出了光伏电池的结构示意图，可以看出，它包含一个紧密连接在一起的 n 型和 p 型硅层，类似一个"三明治"型夹心结构。这种结构也是晶体管及其他微型电子器件中经常采用的。这种 p-n 结是光伏电池实现太阳能转化为电

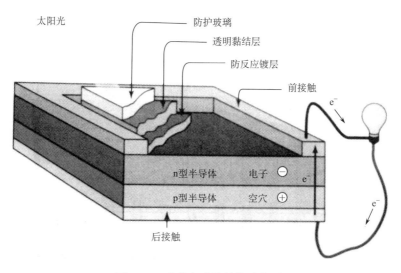

图 5.10　光伏电池的结构示意图

能的核心。其工作原理是：n 型半导体（如可由硅掺杂砷得到）有多余的电子，而 p 型（可由硅掺杂镓得到）有多余的空穴。当二者接触时，电子倾向于从 n 型一侧向 p 型一侧扩散；同样，空穴倾向于从 p 型一侧向 n 型一侧移动。当太阳光照射在掺杂的硅晶体上，会加速电子的释放。如果用导线将两侧连接起来，电子就从浓度高的 n 型区通过外电路向浓度低的 p 型区流动，这样就产生了电流。在此过程中，p-n 结的作用不仅是促使电子流动，还使电流按一定方向通过光伏电池，电子的流动产生直流电，原则上可以做所有电流可以做的事情，如储存在另一种电池中备用。因此，只要将光伏电池曝露在太阳下，就可持续地产生电流。

　　但是，发展光伏电池仍面临一些问题有待继续解决：一是主要原材料晶体硅的制备成本仍然比较高，因为目前的方法硅的提取和纯化比较难；二是太阳能向电能的转化效率还不高，虽然理论上可以达到 31%，但是目前比较好的才达到 15% 左右。为此，科学家除了通过掺杂改进硅半导体的性能以外，还在开发其他性能更好的半导体材料，如砷化镓、砷化铟、锑化镉和碲化镉等。也有科学家在探索用非晶态的硅取代晶体硅。

　　目前，人们普遍认为，光伏能源的前景是非常鼓舞人心的。在此背景下，近年来，我国光伏产业得到了快速的发展，相信在国家政策的进一步扶持下，未来光伏产业的前景将更为广阔。

思　考　题

1. 谈谈化学在石油能源高效利用方面所起的重要作用。
2. 谈谈化学在煤炭清洁与高效利用方面所起的重要作用。
3. 举例说明催化在能源开发与利用中的应用。
4. 锂电池和碱锰电池的电极材料是由哪些物质构成的？
5. 光伏电池使用的主要材料是什么？

第6章 化学与材料

6.1 概　述

人类社会生活离不开材料，人类一切活动，包括衣、食、住、行都与材料有关，材料是人类社会的物质基础，是人类社会文明发展的柱石与里程碑。人类文明的发展和社会的进步同材料关系十分密切，因而材料发展的历史从生产力的侧面反映了人类社会发展的文明史，历史学家根据当时有代表性的材料将人类社会划分为石器时代、青铜器时代和铁器时代等。人类在遥远的古代就已开始接触化学现象和积累化学知识，到了炼金术时期，化学就作为一门学科开始萌芽。化学是材料的发展源泉，而材料又为化学发展开辟了新的空间。化学与材料相互依存、相互促进。每一种新材料的发现和应用都会在不同程度上改变社会的生产和生活面貌，把人类文明推向前进。

合成高分子材料的问世是材料发展中的重大突破，从此以金属材料、无机非金属材料和合成高分子材料为主体，形成了完整的材料科学体系。材料的重要性已被人们充分地认识，能源、信息和材料已被公认为当今社会发展的三大支柱。在三大支柱中，材料又是能源和信息的基础。

6.2 金属材料

金属材料是金属元素或以金属元素为主构成的具有金属特性的材料的统称。材料的发展和应用逐渐把材料分为两大类——功能材料和结构材料。功能材料是指使用材料的某种物理或化学性能，如电学性能、磁学性能、声学性能、光学性能、生物学性能等。结构材料是指作结构件用的材料，主要是使用材料的力学性能，就是要能承受各种力的作用而不损坏。金属材料一直是最重要的功能材料和结构材料。

6.2.1 功能材料

1. 磁性材料

磁性材料是古老而用途广泛的功能材料，而物质的磁性早在3000多年以前就被人们所认识和应用，如我国古代用天然磁铁作为指南针。现代磁性材料已经广泛用于生产生活之中，如将永磁材料用做马达，应用于变压器中的铁芯材料，作为存储器使用的磁光盘，计算机用磁记录软盘等。可以说，磁性材料与信息化、自动化、机电一体化、国防、国民经济的方方面面紧密相关。通常认为，磁性材料是指过渡元素铁、钴、镍及其合金等能够直接或间接产生磁性的物质。

常用的金属软磁材料包括：①电工用纯铁，主要用于制造电磁铁的铁芯和磁极，继电器的磁路和各种零件，感应式和电磁式测量仪表的各种零件，扬声器的磁路，电话中的震动膜，磁屏蔽，电机中用以导引直流磁通的磁极及冶金原料等；②电工用硅钢片，主要用于各种形式的电机、发电机和变压器中，在扼流圈、电磁机构、继电器、测量仪表中也大量使用；③铁镍合金与铁铝合金，广泛应用于电信工业、仪表、电子计算机、控制系统等领域。

硬磁材料也称为永磁材料，是指材料被外磁场磁化以后，去掉外磁场仍然保持着较强剩磁的材料，它也是人类最早发现和应用的磁性材料。永磁材料的种类很多，可以按不同的分类方法对其进行分类。目前产量较大，应用较为普遍的永磁材料主要有铝镍钴系永磁合金、稀土永磁材料、可加工的永磁合金、复合（黏结）永磁材料等。永磁材料有多种用途，如基于电磁力作用原理的应用主要有扬声器、话筒、电表、按键、电机、继电器、传感器、开关等；基于磁电作用原理的应用主要有微波电子管、显像管、钛泵、微波铁氧体器件、磁阻器件、霍尔器件等；基于磁力作用原理的应用主要有磁轴承、选矿机、磁力分离器、磁性吸盘、磁密封、磁黑板、玩具、标牌、密码锁、复印机、控温计等。

2. 发光材料

稀土离子发光材料及稀土荧光材料是无机荧光材料的典型代表，其优点是吸收能力强，转换率高，稀土配合物中心离子的窄带发射有利于全色显示，且物理化学性质稳定。由于稀土离子具有丰富的能级和 4f 电子跃迁特性，稀土成为发光宝库，为高科技领域特别是信息通信领域提供了性能优越的发光材料。稀土金属卤素灯是一种高效节能光源，具有光效高、显色性好等优点，可用于室内照明。自 1960 年发现红宝石激光振荡以来，人们对激光材料进行了积极的研究开发。掺钕钇铝石榴石（Nd：YAG）激光器是目前技术上最完善、高性能的固体激光器，在半导体产业方面用做激光加工装置、医疗用手术刀、止血凝固用激光器等。稀土电致发光材料可用于大面积超薄型显示屏，也是一种极有发展前途的功能材料。

3. 储氢材料

目前，光解法制氢正在得到大力发展，这是大量制氢最有希望的方向之一。然而，氢的存储是一个更大的难题。虽然可将氢气存储于钢瓶中，但这种方法有一定危险，而且储氢量小，使用也不方便。液态氢比气态氢的密度高许多倍，虽然少占容器空间，但是氢气的液化温度是 $-253\ ℃$，为了使氢保持液态，必须有极好的绝热保护，绝热层的体积和质量往往与储箱相当。大型运载火箭使用液氢作为燃料，液氧作为氧化剂，其存储装置占去整个火箭一半以上的空间。为了解决氢的存储和运输问题，人们想到了用金属储氢。最早发现 Mg-Ni 合金具有储氢功能，随后又开发了 La-Ni、Fe-Ti 储氢合金，此后，新型储氢合金不断出现。

目前研究和已投入使用的储氢合金主要有稀土系、钛系、镁系几类。另外，可用于核反应堆中的金属氢化物及非晶态储氢合金、复合储氢材料已引起人们的极大兴趣。用储氢合金储氢，无需高压及储存液氢的极低温设备和绝热措施，节省能量，安全可靠。目前主要方向是开发密度小、储氢效率高的合金。

储氢合金作为车辆氢燃料的储存器，目前处于研究试验阶段。当前的主要问题是储氢材料的质量比汽油箱质量大得多，影响汽车速度，但氢的热效率高于汽油，而且燃烧后无污染，因此氢能汽车的前景十分诱人。

利用储氢合金对氢的选择性吸收特性，可制备 99.9999％以上的高纯氢。例如，含有杂质的氢气与储氢合金接触，氢被吸收，杂质则被吸附于合金表面，除去杂质后，再使氢化物释氢，则得到高纯度氢气。高纯度氢在电子工业、光纤生产方面有重要应用。

4. 形状记忆材料

金属具有记忆是人们偶然发现的现象。20 世纪 60 年代初，美国海军的一个研究小组从仓库领来一些镍钛合金丝做实验，他们发现这些合金丝弯弯曲曲，使用起来很不方便，于是就把这些合金丝一根根拉直并用在实验中。在实验过程中，奇怪的现象发生了，他们发现当温度升到一定的数值时，这些已经拉直的镍钛合金丝突然又恢复到原来的弯曲状态，和原来一模一样。他们是善于观察的有心人，又反复做了多次实验，结果证实了只要遇到这个温度，这些细丝便立即恢复到原来那种弯弯曲曲的样子。这些镍钛合金丝确实具有"记忆"。

美国海军研究所的这一发现引起了科学界的极大兴趣，大量科学家对此进行了深入的研究，发现铜锌合金、铜铝镍合金、铜钼镍合金、铜金锌合金等也都具有这种奇特的本领。人们可以在一定的范围内，根据需要改变这些合金的形状，到了某一特定的温度，它们就自动恢复到原来的形状，而且这"改变-恢复"可以多次重复进行，不管怎么改变，它们总是能记忆自己当时的形状，到了这一温度，就丝毫不差地原形再现。人们把这种现象称为形状记忆效应，把具有这种形状记忆效应的金属称为形状记忆合金，简称记忆合金。

利用记忆合金在特定温度下的形变功能可以制作多种温控器件，可以制作温控电路、温控阀门、温控管道连接。人们已经利用记忆合金制作了自动的消防龙头——失火温度升高、记忆合金变形，使阀门开启、喷水救火。飞机空中加油的接口处就是利用了记忆合金——两机的油管套结后，利用电加热改变温度，接口处记忆合金变形，使接口处紧密连接、滴油不漏。人们还制作了宇宙空间站的面积达几百平方米的自展天线——先在地面上制成大面积的抛物线形或平面天线，折叠成一团，用飞船带到太空，温度转变，自展成原来的大面积和形状。20 世纪 60 年代 Ti-Ni 合金首次被用于飞机液压系统的接头，并取得了成功。普通的管接头由于热胀冷缩，容易引起泄漏，造成飞行事故。据统计，全部飞行事故中有 1/3 是由于液压系统接头泄漏而引起的。用形状记忆合金加工成内径比欲连接管的外径小 4% 的套管，然后在低温将套管扩径约 8%，装配后，当温度升到室温，套管恢复原来的内径，形成紧密的压合。美国已在喷气式战斗机的液压系统中使用了 10 多万个这类接头，至今没有漏油或破损、脱落等事故。这类管接头还可用于舰船管道、海底输油管道的修补，代替在海底难以进行的焊接工艺。

医学上使用的形状记忆合金主要是 Ti-Ni 合金，这种材料对生物体有较好的相容性，可以埋入人体作为移植材料。在生物体内部作固定折断骨架的销、进行内固定接骨的接骨板，由于体内温度使 Ti-Ni 合金发生相变，形状改变，不但能将两段骨固定住，而且能在相变过程中产生压力，迫使断骨很快愈合。另外，假肢的连接、矫正脊柱弯曲的矫正板，都是利用形状记忆合金治疗的实例。在内科方面，可将细的 Ti-Ni 丝插入血管，由于体温使其恢复到母相的网状，阻止 95% 的凝血块流向心脏。用记忆合金制成的肌纤维与弹性体薄膜心室相配合，可以模仿心室收缩运动，制造人工心脏。

形状记忆合金是一种集感知和驱动双重功能为一体的新型材料，因而可广泛应用于各种自调节和控制装置，如各种智能、仿生机械。形状记忆薄膜和细丝可能成为未来机械手和机器人的理想材料，它们除温度外不受任何其他环境条件的影响，可望在核反应堆、加速器、太空实验室等高技术领域大显身手。

5. 超导材料

超导材料被认为是具有战略意义的高新技术材料。目前，超导材料主要有合金低温超导材料和高温超导材料。

1911 年，荷兰物理学家昂尼斯首次意外地发现了超导现象，他将汞冷却到接近绝对零度时，其电阻突然消失。后来他又发现许多金属（如铝、锡）和合金都具有与汞相类似的特性：在低温下电阻为零（这一温度称为超导材料的临界转变温度），由于它的特殊导电性能，昂尼斯称之为超导态。总体来说，超导材料的发展经历了一个从简单到复杂，即由一元系到二元系、三元系以至多元系的过程。1911～1932 年，以研究元素超导体为主，除 Hg 外，又发现了 Pd、Sn、In、Ta、Nb、Ti 等众多的元素超导体。现在已知，在元素周期表中有 50 多种元素具有超导电性。1932～1953 年，发现了许多具有超导电性的合金以及过渡金属碳化物和氮化物，临界转变温度得到了进一步提高。随后，1953～1973 年，发现了 Nb_3Sn、V_3Ga、Nb_3Ge 类型的超导体，使临界转变温度值上升到 23.2 K。1986 年以后发现的多元系氧化物超导体使临界转变温度值在 10 年的时间内提高到了 160 K。在高温超导体出现以前，使用在液氦温度下的低温超导材料经过 20 余年研究与发展获得了成功。以 NbTi、Nb_3Sn 为代表的实用超导材料已实现了商品化，在核磁共振人体成像、超导磁体及大型加速器磁体等多个领域获得了应用。但是，由于常规低温超导体的临界转变温度太低，必须在昂贵复杂的液氦（4.2 K）系统中使用，因而严重限制了低温超导应用的发展。

目前高温超导材料是指钇系（92 K）、铋系（110 K）、铊系（125 K）和汞系（135 K）以及 2001 年 1 月发现的新型超导体二硼化镁（39 K）。其中最有实用前途的是铋系、钇系（YBCO）和二硼化镁（MgB_2）。氧化物高温超导材料是以铜氧化物为组分的复杂物质，在正常态它们都是不良导体。与低温超导体相比，高温超导材料具有明显的各向异性，在垂直和平行于铜氧结构层方向上的物理性质差别很大。高温超导体属于非理想的第 Ⅱ 类超导体，且具有比低温超导体更高的临界磁场和临界电流，因此是更接近于实用的超导材料，特别是在低温下的性能比传统超导体好得多。

超导材料具有良好的加工性能和超导电磁性能，主要应用于大型基础科研装置和民用项目以及大型低温工程装置，如高能粒子加速器、受控热核聚变装置、超导磁悬浮列车、超导储能系统、超导电机、磁分离装置等。

6.2.2　结构材料

金属是伴随人类社会产生和科学技术的进步而不断发展前进的，在当代社会中扮演了十分重要的角色，能源、交通、信息、航空航天、国防、化工、农业、医疗、卫生、文化等领域所用的各种设备、装置、器件，乃至多种药品和试剂，金属均是不可缺少的重要原料之一。

所有传统金属材料都以某种金属元素为基体，如钢铁是以铁为基本元素，再加入一些其他合金元素，如碳、镍、铬等，形成以铁为基的合金。黄铜是以铜元素为基本元素，再加入锌元素形成的合金；铝合金是以铝为基本元素等。因此，传统金属材料具有完全的或典型的金属特性。铝、镁、钛等轻质高强结构材料是飞机的主要结构材料。

金属材料通常分为黑色金属、有色金属、稀土金属和特种金属材料。

（1）黑色金属又称钢铁材料，包括含碳小于 2％的碳钢、含碳 2％～4％的铸铁、含铁 90％以上的工业纯铁以及各种用途的结构钢、不锈钢、耐热钢、高温合金、精密合金等。广义的黑色金属还包括铬、锰及其合金。

（2）有色金属是指除铁、铬、锰以外的所有金属及其合金，通常分为轻金属、重金属、贵金属、半金属、稀有金属和稀土金属等。有色合金的强度和硬度一般比纯金属高，并且电阻大、电阻温度系数小。

（3）稀土金属具有极为重要的用途，是当代高科技新材料的重要组成部分，可称之为国家战略金属。有许多广泛用于当代通信技术、电子计算机、航空航天、医药卫生、感光材料、光电材料、能源材料和催化剂材料的化合物均需使用稀土金属。

（4）特种金属材料包括不同用途的结构金属材料和功能金属材料，如准晶、微晶、纳米晶等金属材料，还有隐身、抗氢、超导、形状记忆、耐磨、减振阻尼等特殊功能合金以及金属基复合材料等。

6.3　无机非金属材料

无机非金属材料是以某些元素的氧化物、碳化物、氮化物、卤素化合物、硼化物以及硅酸盐、铝酸盐、磷酸盐、硼酸盐等物质组成的材料，是除有机高分子材料和金属材料以外的所有材料的统称。无机非金属材料的提法是 20 世纪 40 年代以后，随着现代科学技术的发展从传统的硅酸盐材料演变而来的。无机非金属材料是与有机高分子材料和金属材料并列的三大材料之一。

旧石器时代人们用来制作工具的天然石材是最早的无机非金属材料。在公元前 6000～前 5000 年我国发明了原始陶器。商代有了原始瓷器，并出现了上釉陶器。以后为了满足宫廷观赏及民间日用、建筑的需要，陶瓷的生产技术不断发展。东汉时期的青瓷是迄今发现的最早瓷器。陶器的出现促进人类进入金属时代，夏代炼铜用的陶质炼锅是最早的耐火材料。铁的熔炼温度远高于铜，故铁器时代的耐火材料相应地也有很大发展。18 世纪以后钢铁工业的兴起，促进耐火材料向多品种、耐高温、耐腐蚀方向发展。公元前 3700 年，埃及就开始有简单的玻璃珠作装饰品。公元前 1000 年前，我国也有了白色穿孔的玻璃珠。公元初期罗马已能生产多种形式的玻璃制品。公元 1600 年后玻璃业已遍及世界各地。随着建筑业的发展，石灰和石膏等气硬性胶凝材料也获得相应的发展。公元初期有了水硬性石灰、火山灰胶凝材料，1700 年以后制成水硬性石灰和罗马水泥。1824 年英国人阿斯普丁发明波特兰水泥。上述陶瓷、耐火材料、玻璃、水泥等的主要成分均为硅酸盐，属于典型的硅酸盐材料。18 世纪工业革命以后，随着建筑、机械、钢铁、运输等工业的兴起，无机非金属材料有了较快的发展，出现了电瓷、化工陶瓷、金属陶瓷、平板玻璃、化学仪器玻璃、光学玻璃、平炉和转炉用的耐火材料以及快硬早强等性能优异的水泥。同时，发展了研磨材料、碳素及石墨制品、铸石等。

20 世纪以来，随着电子技术、航天、能源、计算机、通信、激光、红外、光电子学、生物医学和环境保护等新技术的兴起，对材料提出了更高的要求，促进了特种无机非金属材料的迅速发展。20 世纪 30～40 年代出现了高频绝缘陶瓷、铁电陶瓷和压电陶瓷、铁氧体和热敏电阻陶瓷等。50～60 年代开发了碳化硅和氮化硅等高温结构陶瓷、氧化铝透明陶瓷、β-氧化铝快离子导体陶瓷、气敏和湿敏陶瓷等。至今，又出现了变色玻璃、光导纤维、电光效应、电子发射及高温超导等各种新型无机材料。

6.3.1 无机非金属材料的分类

无机非金属材料品种和名目繁多、用途各异，因此还没有一个统一而完善的分类方法。通常把它们分为普通的（传统的）和先进的（新型的）无机非金属材料两大类。

（1）传统的无机非金属材料是工业和基本建设所必需的基础材料。例如，硅酸盐水泥、铝酸盐水泥、石灰、石膏等是重要的建筑材料；硅质、硅酸铝质、高铝质、镁质、铬镁质等耐火材料与高温技术，尤其与钢铁工业的发展关系密切；各种规格的硅酸盐玻璃（平板玻璃、仪器玻璃和普通的光学玻璃）以及黏土质、长石质、滑石质和骨灰质陶瓷（如日用陶瓷、卫生陶瓷、建筑陶瓷、化工陶瓷和电瓷等）与人们的生产、生活休戚相关。它们产量大，用途广。其他产品，如搪瓷（钢片、铸铁、铝和铜胎等为基体，石英、长石、黏土为矿物原料）、磨料（碳化硅、氧化铝）、铸石（辉绿岩、玄武岩等）、碳素材料（如石墨、焦炭和各种碳素制品等）、多孔材料（硅藻土、蛭石、沸石、多孔硅酸盐和硅酸铝、黏土、石膏、石棉、云母、大理石等）也都属于传统的无机非金属材料。

（2）新型无机非金属材料是 20 世纪中期以后发展起来的，是具有特殊性能和用途的材料。它们是现代新技术、新产业、传统工业技术改造、现代国防和生物医学所不可缺少的物质基础。主要有绝缘材料（如氧化铝、氧化铍、滑石、镁橄榄石质陶瓷、石英玻璃和微晶玻璃等）、铁电和压电材料（如钛酸钡系、锆钛酸铅系材料等）、导体陶瓷（如钠、锂、氧离子的快离子导体和碳化硅等）、半导体陶瓷（如钛酸钡、氧化锌、氧化锡、氧化钒、氧化锆等过渡金属元素氧化物系材料等）、光学材料（如钇铝石榴石激光材料、氧化铝、氧化钇透明材料和石英系或多组分玻璃的光导纤维等）、超硬材料（碳化钛、人造金刚石和立方氮化硼等）等。

6.3.2 微晶玻璃

微晶玻璃是指通过玻璃热处理来控制晶体的生长而获得的一种多晶材料，它既有玻璃的基本性能也有陶瓷多晶体的特征。自从微晶玻璃出现以后，由于其组成、结构决定其具有不同的性能，因此被广泛应用于电子、化工、生物医学、机械工程、军事和建筑等领域，其中建筑装饰用微晶玻璃的使用量最大，经济效益最显著。

我国近年来微晶玻璃板已大量用做建筑装饰材料，如代替大理石或花岗石等材料用做外墙、地板、楼面、楼梯踏板、贴柱、大厅柜台面、电梯门边、卫生间台面、炊事案板等处的装饰材料及结构材料，也用做阳台和门窗材料，各种高档家具、高档珍贵工艺品制作及各种用途的其他室内装饰材料，还可用于建筑幕墙、机械上的结构材料、电子电工上的绝缘材料、大规模集成电路的底板材料、微波炉耐热器皿、化工与防腐材料和矿山耐磨材料等，是具有发展前途的 21 世纪的新型材料。

6.3.3　半导体陶瓷

通常把导电性和导热性差或不好的材料如金刚石、人工晶体、琥珀、陶瓷称为绝缘体，而把导电、导热都比较好的金属如金、银、铜、铁、锡、铝等称为导体。可以简单地把介于导体和绝缘体之间的材料称为半导体。与导体和绝缘体相比，半导体材料的发现是最晚的，直到 20 世纪 30 年代，当材料的提纯技术改进以后，半导体的存在才真正被学术界认可。

一般用做杯、盘、碗和碟的普通陶瓷是不导电的绝缘体。20 世纪 50 年代以来，科学家发现本来是绝缘体的金属氧化物陶瓷，如钛酸钡、二氧化钛、二氧化锡和氧化锌等，只要掺入微量的其他金属氧化物，它们就会变得有导电能力，其电阻介于绝缘体和金属之间，称为半导体陶瓷。各种半导体陶瓷的电阻会随环境的温度、湿度、气氛、光线强弱和施加电压等的变化而改变几十到几百万倍，分别称为热敏、湿敏、气敏、光敏和电压敏陶瓷，利用这些陶瓷可以制造各种各样的电子器件为人类服务。

半导体陶瓷除用做加热元件外，同时还能起到"开关"的作用，兼有敏感元件、加热器和开关三种功能，称为"热敏开关"。在工业上半导体陶瓷可用做温度的测量与控制，也用于汽车某部位的温度检测与调节，还大量用于民用设备，如控制开水器的水温、空调器与冷库的温度。电流通过元件后引起温度升高，即发热体的温度上升，当超过居里点温度后，电阻增加，从而限制电流增加，于是电流的下降导致元件温度降低，电阻值的减小又使电路电流增加，元件温度升高，周而复始，因此具有使温度保持在特定范围的功能，又起到开关作用。利用这种阻温特性将半导体陶瓷做成加热源，作为加热元件用于暖风器、电烙铁、烘衣柜、空调等，还可对电器起到过热保护作用。目前主要用于温度自控、过电流和过热保护、彩电消磁、马达启动、液面深度探测等方面。

夏夜，蚊虫肆虐，但只要插上电蚊香，尽管无烟无味，蚊子却纷纷逃遁，人们可以无需蚊帐，安然入梦。电蚊香为何有此神通？原来在它内部有一片 PTC 陶瓷，电流通过这种陶瓷就能发热。陶瓷既可通电发热，又可自动控温，当温度升到所需温度时，它的电阻可以增大几千到几百万倍，使通过陶瓷片的电流减小，陶瓷片维持在使驱蚊药水缓慢蒸发所需的温度。

家庭中由于煤气泄漏引起的中毒事故时有发生，常造成全家罹难！酒后驾车产生的交通肇事更不胜枚举，每年造成许多人员死伤。气敏陶瓷的出现可以使这些难题迎刃而解。有一些氧化物半导体陶瓷，如锡、锌、钛和铁等金属的氧化物，它们的电阻会随各种气体的浓度改变几百到几万倍，因此可利用这些陶瓷制造各种气体传感器，人们通俗地称它们为电子鼻。在厨房中装一个煤气报警器，一有煤气泄漏，它就会自动发出闪光和鸣叫，警告人们立即采取措施。用电阻随乙醇蒸气浓度而变的陶瓷可制造酒敏传感器，将这种传感器装在汽车发动机控制电路上，如果驾驶员喝了酒，汽车就不能发动，可以防止酒后开车肇事。

用电阻随空气湿度而变的陶瓷制造的湿敏传感器可以测量和控制大气湿度。装有这种传感器的空调机，不仅冬暖夏凉，而且始终保持着人类最舒适的湿度，既不会有黄梅天的湿闷，也不会有寒冬的干燥感。装有湿敏传感器的微波炉可使菜肴烹饪完全自动化。另外，家中的干衣机使衣服既能干透，又不烤焦，全靠湿度传感器在控制。

6.3.4　光纤材料

光纤材料主要是光介质材料，是传输光线的材料，这些材料以折射、反射和透射的方式，改变光线的方向、强度和位相，使光线按照预定的要求传输，也可以吸收或透过一定波长范围的光线而改变光线的光谱成分。光只不过是从无线电波经过可见光延伸到宇宙射线的电磁波谱中很窄的一段。近代光学的发展，特别是激光的出现，使另一类光学材料，即光功能材料得到了发展。这种材料在外场（力、声、热、电、磁和光）的作用下，其光学性质会发生变化，因此可作为探测和能量转换的材料，成为光学材料中一个新的大家族。

与一般的光不同，激光是纯单色，具有相干性，因而具有强大的能量密度，这是人们期待已久的信号载体。要实现光通信，还必须有光元件、组件及信号加工技术和光信号的传输介质。1958 年，英国科学家提出了利用光纤的设想，1966 年，在英国标准电信研究所工作的英籍华人工程师高锟论证了把光纤的光学损耗降低到 20 dB/km 以下的可能性（当时光纤的传输损耗约为 1000 dB/km），并指出其对未来光通信的作用后，作为光通信媒质用的光纤引起了世界工业发达国家的科学界、实业界人士以及政府部门的普遍重视。许多大学、研究所、公司以及工厂开始探索这一工作，对多组分玻璃系和高二氧化硅玻璃系光纤进行开发研究。有"光纤之父"之称的华裔科学家高锟凭借在光纤领域的卓越研究而获得 2009 年诺贝尔物理学奖。

利用光导纤维进行的通信称为光纤通信。一对金属电话线至多只能同时传送 1000 多路电话，而根据理论计算，一对细如蛛丝的光导纤维可以同时通 100 亿路电话。铺设 1000 km 的同轴电缆大约需要 500 t 铜，改用光纤通信只需几千克石英就可以了。许多国家建造了光纤通信系统，横跨大西洋、太平洋的海底光缆已投入使用，使全世界进入信息时代。

另外，利用光导纤维制成的内窥镜可以帮助医生检查胃、食道、十二指肠等的疾病。光导纤维胃镜是由上千根玻璃纤维组成的软管，它有输送光线、传导图像的功能，又有柔软、灵活、可以任意弯曲等优点，可以通过食道插入胃里。光导纤维把胃里的图像传出来，医生就可以窥见胃里的情形，然后根据情况进行诊断和治疗。

6.4　高分子材料

高分子材料是以高分子化合物为基础的材料，是由相对分子质量较高的化合物构成的材料，包括橡胶、塑料、纤维、涂料、胶黏剂和高分子基复合材料。高分子也是生命存在的形式，所有的生命体都可以看做是高分子的集合。现代，高分子材料已与金属材料、无机非金属材料相同，成为科学技术、经济建设中的重要材料。

6.4.1　高分子材料按来源分类

高分子材料按来源分为天然、半合成和合成高分子材料。天然高分子是生命起源和进化的基础，人类社会一开始就利用天然高分子材料作为生活资料和生产资料，并掌握了其加工技术，如利用蚕丝、棉、毛织成织物，用木材、棉、麻造纸等。19 世纪 30 年代末期，进入天然高分子化学改性阶段，出现半合成高分子材料。1907 年出现合成高分子酚醛树脂，标志着人类应用合成高分子材料的开始。

6.4.2　高分子材料按特性分类

高分子材料按特性分为橡胶、高分子纤维、塑料、高分子胶黏剂、高分子涂料和高分子基复合材料等。

1. 橡胶

橡胶是一类线型柔性高分子聚合物，其分子链间次价力小，分子链柔性好，在外力作用下可产生较大形变，除去外力后能迅速恢复原状。有天然橡胶和合成橡胶两种，天然橡胶的主要成分是聚异戊二烯，合成橡胶的主要品种有丁苯橡胶、顺丁橡胶、异戊橡胶、乙丙橡胶、丁基橡胶、丁腈橡胶和氯丁橡胶。特种橡胶有硅橡胶、氟橡胶、丙烯酸酯橡胶、聚氨酯橡胶、氯醇橡胶、丁吡橡胶、聚硫橡胶、氯化及氯磺化聚乙烯橡胶等。

合成橡胶能代替天然橡胶制作轮胎、胶管、胶带、胶鞋以及各种橡胶配件。特种橡胶具有的特性是天然橡胶所没有的，如耐高温的氟硅橡胶可在 250 ℃长期使用，丙烯酸酯橡胶耐油耐高温，乙丙橡胶耐老化性能很好。合成橡胶可加工成各种密封制品、各类油封、汽车和飞机上各种橡胶配件、建筑、交通桥梁用的防震减震材料、石油化工用的橡胶防腐材料、电线电缆。每年用大量橡胶类高分子材料作绝缘材料，其他为导电橡胶、磁性橡胶、防毒防菌用橡胶、医药用橡胶制品、高吸水橡胶等。全世界橡胶制品的种类有上万种。合成橡胶与天然橡胶一样，耐老化性能较差，特种橡胶较好，合成橡胶除个别外，大多数的弹性和断裂强度不及天然橡胶。

2. 高分子纤维

高分子纤维分为天然纤维和化学纤维，前者指蚕丝、棉、麻、毛等，后者是以天然高分子或合成高分子为原料，经过纺丝和后处理制得。常见的合成纤维包括尼龙类纤维、聚酯类纤维、维尼纶纤维、腈纶纤维、聚氯乙烯纤维、过氯乙烯纤维、耐高温的聚酰胺纤维、碳纤维、聚酰亚胺纤维，其他如聚氨弹性纤维等。与天然纤维相比，合成纤维强度高、耐磨性好、有较好弹性、不被虫蛀、耐化学腐蚀性好，用它们制成的衣料有弹性、吸水少、易洗涤干燥。不足之处是，有的合成纤维着色差、易产生静电、吸汗量低，制成内衣穿时感到闷热。

3. 塑料

塑料是以合成树脂或化学改性的天然高分子为主要成分，再加入填料、增塑剂和其他添加剂制得。其分子间次价力、模量和形变量等介于橡胶和高分子纤维之间。通常按合成树脂的特性分为热固性塑料和热塑性塑料；按用途又分为通用塑料和工程塑料。加热后软化，形成高分子熔体的塑料称为热塑性塑料，主要的热塑性塑料有聚乙烯（PE）、聚丙烯（PP）、聚苯乙烯（PS）、聚甲基丙烯酸甲酯（PMMA，俗称有机玻璃）、聚氯乙烯（PVC）、尼龙（nylon）、聚碳酸酯（PC）、聚氨酯（PU）、聚四氟乙烯（特富龙，PTFE）、聚对苯二甲酸乙二醇酯（PET，PETE）。形成交联的不熔结构的塑料称为热固性塑料，常见的有环氧树脂、酚醛塑料、聚酰亚胺、三聚氰氨甲醛树脂等。塑料的加工方法包括注射、挤出、模压、热压、吹塑等。

不同品种具有各自的特性，可以满足不同要求。工程塑料用做结构材料可制作各种制品，也可代替金属材料制作机械零件，如齿轮、轴承，汽车和飞机、轮船的配件。工程塑料在电气电子工业也是重要原材料，绝缘材料离不开通用塑料和工程塑料。农业上用的塑料品种也很多，如农业薄膜、农业工具、农业机器。家用电器如电视机、音响器材、电冰箱及洗衣机的零件及外壳都是塑料制品。日用化工的塑料制品多种多样，充满市场，如 PVC 人造革、泡沫塑料制品、各种塑料布、纺织袋等。建筑、交通部门用的塑料制品更多。塑料虽有一系列特性，但它是由低分子有机化合物合成的，易燃烧着火，在光、大气的作用以及氧、臭氧作用下会发生老化，制品性能逐渐变坏，由软变硬，处理不当会对环境造成污染。

4. 高分子胶黏剂

高分子胶黏剂是以合成天然高分子化合物为主体制成的胶黏材料，分为天然胶黏剂和合成胶黏剂两种。人类在很久以前就开始使用淀粉、树胶等天然高分子材料作胶黏剂，现在应用较多的是合成胶黏剂。现代胶黏剂根据其使用方式可以分为聚合型，如环氧树脂；热熔型，如尼龙、聚乙烯；加压型，如天然橡胶；水溶型，如淀粉。

5. 高分子涂料

高分子涂料是以聚合物为主要成膜物质，添加溶剂和各种添加剂制得。根据成膜物质不同，分为油脂涂料、天然树脂涂料和合成树脂涂料。

6. 高分子基复合材料

高分子基复合材料是以高分子化合物为基体，添加各种增强材料制得的一种复合材料。它综合了原有材料的性能特点，并可根据需要进行材料设计。高分子基复合材料最大优点是集各种材料之长，如高强度、质轻、耐温、耐腐蚀、绝热、绝缘等性质，根据应用目的，选取高分子材料和其他具有特殊性质的材料制成满足需要的复合材料。高分子基复合材料分为两大类——高分子结构复合材料和高分子功能复合材料。高分子结构复合材料包括两种组分，一种是增强剂，如玻璃纤维、氮化硅晶须、硼纤维等；另一种是基体材料，如不饱和聚酯树脂、环氧树脂、酚醛树脂、聚酰亚胺等热固性树脂及苯乙烯、聚丙烯等热塑性树脂。有些复合材料的比强度和比模量比金属还高，是国防、尖端技术方面不可缺少的材料。高分子功能复合材料是将具有某种功能的材料与树脂类基体材料复合在一起构成的材料，如电冰箱的磁性密封条就是这类材料。

6.4.3　高分子材料按用途分类

高分子材料按用途分为普通高分子材料和功能高分子材料。很多天然材料通常是高分子材料组成的，如天然橡胶、棉花、人体器官等。人工合成的化学纤维、塑料和橡胶等也是如此。在生活中大量采用的，已经形成工业化生产规模的高分子一般称为通用高分子材料，具有特殊用途与功能的称为功能高分子材料。功能高分子材料除具有聚合物的一般力学性能、绝缘性能和热性能外，还具有物质、能量和信息的转换、传递和存储等特殊功能。已使用的有高分子信息转换材料、高分子透明材料、高分子模拟酶、生物降解高分子材料、高分子形状记忆材料和医用、药用高分子材料等。

1. 高分子分离膜

高分子分离膜是用高分子材料制成的具有选择性透过功能的半透性薄膜。采用这样的半透性薄膜，以压力差、温度梯度、浓度梯度或电位差为动力，使气体混合物、液体混合物或有机物、无机物的溶液等相分离，具有节能、高效和洁净等特点，因而被认为是支撑新技术革命的重大技术。膜分离过程主要有反渗透、超滤、微滤、电渗析、压渗析、气体分离、渗透气化和液膜分离等。用来制备分离膜的高分子材料有许多种，现在用得较多的是聚砜、聚烯烃、纤维素酯类和有机硅等。膜的形式也有多种，一般用的是平板膜和中空纤维。推广应用高分子分离膜能获得巨大的经济效益和社会效益。例如，利用离子交换膜电解食盐水可减少污染、节约能源，利用反渗透进行海水淡化和脱盐要比其他方法消耗的能量都小，利用气体分离膜从空气中富集氧可大大提高氧气回收率等。

2. 高分子磁性材料

早期磁性材料源于天然磁石，后来才利用磁铁矿（铁氧体）烧结或铸造成磁性体，现在工业常用的磁性材料有三种，即铁氧体磁铁、稀土类磁铁和铝镍钴合金磁铁等。它们的缺点是既硬且脆，加工性差。为了克服这些缺陷，将磁粉混炼于塑料或橡胶中制成的高分子磁性材料便应运而生了。这样制成的复合型高分子磁性材料质量轻，其制品可进行切割、切削、钻孔、焊接、层压和压花等加工，使用中不碎裂。它可采用一般塑料通用的加工方法（如注射、模压、挤出等）进行加工，对电磁设备的小型化、轻量化、精密化和高性能化起着关键作用，还具有能与其他元件一体成型等特点，越来越受到人们的关注。高分子磁性材料主要可分为两大类，即结构型和复合型，目前具有实用价值的主要是复合型。

3. 光功能高分子材料

光功能高分子材料是指能够对光进行透射、吸收、储存、转换的一类高分子材料。目前这一类材料已有很多，主要包括光导材料、光记录材料、光加工材料、光学用塑料（如塑料透镜、接触眼镜等）、光转换系统材料、光显示用材料、光导电用材料、光合作用材料等。利用高分子材料曲线传播特性，可以开发出非线性光学元件，如塑料光导纤维、塑料石英复合光导纤维等。而先进的信息存储元件——光盘的基本材料就是高性能的有机玻璃和聚碳酸酯。此外，利用高分子材料的光化学反应，可以开发出在电子工业和印刷工业广泛使用的感光树脂、光固化涂料及黏合剂；利用高分子材料的能量转换特性，可制成光导电材料和光致变色材料；利用某些高分子材料的折光率随机械应力而变化的特性，可开发出光弹材料，用于研究力结构材料内部的应力分布等。

4. 抗菌高分子材料

抗菌高分子材料有抗菌塑料、抗菌纤维等材料，可抑制和杀死附着的细菌、真菌等微生物，广泛应用于食品包装、家电制造、居室、卫生洁具、日用品、办公用品、公共设施、服装、工业滤材等领域。抗菌高分子材料按照所添加的抗菌剂类型和材料来源可分为有机类、无机类和天然类，抗菌剂的添加量一般为 $0.1\% \sim 2\%$。

5. 阻燃高分子材料

将复合阻燃剂与塑料进行共混改性可以获得阻燃塑料。阻燃塑料主要用于家电、电子、通信等领域，其中电子电气行业有 15% 以上的塑料件要求使用阻燃塑料。目前世界阻燃技术主要是以添加溴类阻燃剂为主，十溴二苯醚是最主要的品种。这种阻燃剂含溴量高，分解温度高于 350 ℃，与各种高聚物的分解温度相匹配，添加量小，阻燃效果好。发展无卤、高效、低烟、低毒的新型阻燃剂是当今阻燃剂的发展方向，如非卤化高效能的无机阻燃抑烟剂、多功能低毒稳定的磷系阻燃剂以及膨胀型阻燃体系等。

6. 阻隔塑料

阻隔塑料是指能够有效阻止 O_2、CO_2 等物质渗透的材料，主要应用于塑料包装、汽车燃油箱和用于储运化学试剂及剧毒农药等的大型中空包装桶等。采用阻隔型包装膜可以延长食品保质期和货架寿命。对碳氢化合物具有高阻隔性的塑料燃油箱能够满足日趋严格的汽车排放控制标准。

阻隔塑料可通过两种或两种以上树脂共混得到，也可以在制品成型（如多层复合成型）时实现，材料中含有尼龙、乙烯-乙烯醇共聚树脂、纳米层状硅酸盐等高阻隔性材料。近年来，饮料瓶主要朝着 3 层或 5 层等多层结构的复合 PET 瓶方向发展，阻隔性能越来越高。PET 多层复合瓶由于阻隔性能优异，也已经开始包装化妆品等芳香产品。

7. 导电和抗静电高分子材料

导电和抗静电高分子材料包括导电塑料、导电橡胶、导电薄膜、导电纤维、导电涂料和导电黏合剂等。目前我国导电和抗静电高分子材料的研发主要集中在复合型材料上。复合型的导电和抗静电高分子材料由通用高分子材料通过填充导电填料或填加抗静电剂加工而成，在用于静电防护、静电消除、电磁波屏蔽、发热体等方面已实现了商品化。炭黑填充型导电塑料是当前用途最广、用量最大的导电塑料，但其主要缺点是色彩单一。抗静电剂的发展趋势是耐久耐热、功能性强、适用面广和品种系列化。美国是目前生产抗静电剂最多的国家，有 200 多个产品牌号，消费量达到 1 万 t 以上。

8. 智能高分子材料

智能高分子材料能够感知和接受外部环境的信息，如声、光、电、磁、酸碱度、温度、力等，并可根据环境变化自动改变自身形态。智能高分子材料同时具有传感、控制及驱动三重功能，广泛用于医疗器材、压电膜、触角传感器等产品中，在一些新兴领域具有广阔的发展空间。随着微电子技术、计算机技术和自动控制技术的发展和进步，尤其是智能控制和人工智能走向实用化，智能高分子材料的种类和产品会日益增多，应用会更加广泛。

6.4.4　高分子材料的发展前景

高分子合成材料发展到现在，已形成一个完整的工业体系。它的品种多、技术成熟、生产效率高、成本低、用途十分广泛，已是人类生活、生产必不可少的重要材料。目前生产的通用高分子材料、特种及工程高分子材料大规模生产的制品上万种，在此基础上还将继续向纵深方面发展。

（1）对通用的大规模生产品种，如塑料中的聚乙烯、聚丙烯、聚苯乙烯、聚氯乙烯、合成纤维中的聚酯、尼龙、聚丙腈、维尼纶，合成橡胶中的氯丁橡胶、丁苯橡胶、丁腈橡胶、顺丁橡胶、乙丙橡胶、异戊橡胶等，扩大生产规模。一方面对单体的生产技术进一步改进，降低成本；另一方面对聚合的方法、生产工艺作进一步改进，提高生产率，提高产品的综合性能，降低消耗定额，研究新的催化剂。特别是高效催化剂的使用，简化了生产过程。通用高分子的改性也是重要的发展领域，通过共聚、接枝共聚、交联改性，利用分子设计原理，在大分子链上引入有反应性能的官能团制得新的品种，改变原有品种的分子结构及组成，从而改变了高聚物聚集态及综合性能，也可用物理方法共混，填充，互穿网络制得复合材料，或加工中加入不同高分子材料或其他增强材料使通用高分子改性。在这方面研究和开发的内容是极为丰富的。

（2）对工程塑料及特种橡胶领域的开发是很有意义的。现有的工程塑料及特种橡胶，所用单体成本高，对单体的生产技术和方法必须改进降低成本。高分子合成有不少问题需进一步改善，如工程塑料中聚苯醚、聚砜、聚酯、聚酰胺、含硅及含氟高分子材料的改性以及新品种的开发都是十分重要的。特种橡胶在航空、航天、工业、交通、电子、信息、日用电气等部门有广阔的市场，如氟橡胶、硅橡胶、丙烯酸酯橡胶、聚氨酯橡胶等类产品是高新技术的重要原材料，特种橡胶密封制品需要具有耐高温、耐寒、耐油、耐紫外线、耐辐射等性能。随着国防工业的现代化，对材料的性能要求越来越高，原有的品种已不适应要求，所以在这方面需要继续进行研究。

（3）功能高分子领域要求开发更新的材料。利用分子设计原理，把具有不同功能的官能团引入大分子主链或侧链，使其成为具有光学功能的光敏高分子材料、高分子磁性材料、高分子导电材料；在大分子中引入反应型的基团，制成各种高分子试剂、高分子催化剂、高分子生物酶，用于医药上的缓释剂、高分子药物。高分子离子交换树脂已是众所周知的重要材料，用途广泛，品种多。高分子膜材料已是生产中的重要材料。高分子液晶是一种新型材料，具有生命力，用于高性能工程材料、信息工程、色谱分离等方面。高分子吸附材料、高吸水材料，医学上用的人工心脏、人工肺、人工牙、人造乳房、人造皮肤等也是新的高分子材料。生物高分子材料是各国积极开发的热门领域，特别是农业科学上所需的各类功能高分子，如生长剂、除草剂、除害虫的药物、食品添加剂等方面的研究才起步，有大量科研工作等待人们去进行。

（4）高分子精细化工产品也是今后高分子材料开发的重要领域。各种高性能涂料，包括船舶、汽车、火车、摩托、自行车、家具、家电设备所用各类油漆涂料，建筑行业所需内外装修用的高分子材料。日用化工中高分子品种也很多，包装材料、衣服、皮革、皮衣、高档印刷纸等也需用各种高分子涂饰材料，纺织印染工业的发展也需要特殊性能的高分子材料。

6.5 纳 米 材 料

纳米科学与技术是指在纳米尺度（$0.1 \sim 100$ nm，1 nm $= 10^{-9}$ m）上认识物质结构与性质的关系，建立纳米结构控制方法并探索其组装规律，创造新的功能材料和器件，为多种学科的交叉与融合提供有效的平台。纳米科技是包含纳米材料、纳米器件和对它们的检测与表征等应用性很强的研究和技术领域，纳米材料的制备和研究是整个纳米科技的基础。

纳米材料是指把普通物质用化学、物理、生物方法变成纳米级的微细颗粒后形成的材料，其颗粒的大小不超过 100 nm，而通常情况下不超过 10 nm。纳米材料的重要性取决于一个基本事实，即在纳米尺度范围内，由于纳米颗粒的尺寸已经很接近原子的大小，量子效应开始影响物质的结构与物理、化学性能，即许多材料的物理和化学性质随材料尺寸减小而发生显著变化。具有纳米尺度结构特征的基本单元（如纳米粒子、纳米线/管、纳米膜、纳米块体等）所具备的特殊物理和化学效应是创造新型功能材料与器件的重要基础。例如，纳米铁材料的断裂应力比一般铁材料高 12 倍；气体通过纳米材料的扩散速度比通过一般材料的扩散速度快几千倍；纳米相的铜比普通的铜坚固 5 倍，而且硬度随颗粒尺寸的减小而增大；普通陶瓷坚硬、易碎，当把陶瓷原料粉碎成纳米微粒，制成纳米陶瓷材料后，可以像金属一样弯曲变形，甚至还可用来制作弹簧、刀具等。光彩夺目的黄金和白金被制成纳米微粒后，因其可以吸收可见光而成为"黑金"，可用做制造隐形飞机的材料。由此可见，应用纳米技术可制成性能特别优良的各种特殊材料。

20 世纪 80 年代初发明的扫描探针显微镜（SPM）技术使人们可以在不太苛刻的条件下，考察材料在 0.1～100 nm 尺度上的表面结构。20 世纪 90 年代初借助扫描隧道显微镜（STM）技术已能搬动原子组成纳米结构图案。现在使用高分辨电镜及能谱技术进行材料组成分析的空间分辨率已能够达到 0.5～1 nm，使用聚焦离子束工作站已能够对碳纳米管等基元进行电极焊接等微观加工操作，使用 STM 已能够研究小尺寸纳米粒子的导电行为。

纳米材料的研究是从金属粉末、陶瓷等领域开始的，随后在世界各国引起了高度的重视。近年来在微电子领域和冶金、化工、电子、国防、核技术、航天、医学和生物工程等领域，纳米材料都得到了广泛的应用。将纳米材料分散于聚合物中以提高高分子材料性能的研究也日益活跃，并取得了许多可观的成果。

6.5.1　常见的纳米材料基元

具有纳米尺度结构特征的基本单元大致可分为纳米粒子、纳米线/管、纳米膜、纳米块体四类。其中纳米粒子开发时间最长、技术最为成熟，是生产其他三类产品的基础。

（1）纳米粒子。一般指粒度在 100 nm 以下的粉末或粒子，是一种介于原子、分子与宏观物体之间，处于中间物态的固体颗粒材料。纳米粒子可用做高密度磁记录材料、吸波隐身材料、磁流体材料、先进的电池电极材料、太阳能电池材料、高效催化剂、高效助燃剂、高韧性陶瓷材料等。

（2）纳米线/管。指直径为纳米尺度而长度较大的线/管状材料，可用做微导线与微光纤材料、新型激光或发光二极管材料等。

（3）纳米膜。纳米膜分为颗粒膜与致密膜。颗粒膜是纳米颗粒粘在一起，中间有极为细小的间隙的薄膜。致密膜指膜层致密但晶粒尺寸为纳米级的薄膜。纳米膜可用做气体催化材料、过滤器材料、高密度磁记录材料、光敏材料、平面显示器材料、超导材料等。

（4）纳米块体。是将纳米粉末高压成型或控制金属液体结晶而得到的纳米晶粒材料，主要用做超高强度材料、智能金属材料等。

6.5.2　常见的纳米材料

1. 纳米陶瓷材料

纳米陶瓷是近年来发展起来的先进材料，是由纳米级水平显微结构组成的新型陶瓷材料。纳米微粒所具有的小尺寸效应、表面与界面效应使纳米陶瓷呈现出与传统陶瓷显著不同的独特性能。纳米陶瓷已成为材料科学、凝聚态物理研究的前沿热点领域，是纳米科学技术的重要组成部分。

常规陶瓷由于气孔、缺陷的影响，存在低温脆性的特点，容易发生断裂破坏，强度和韧性都不高，这使它的应用受到一定限制。而纳米陶瓷由于晶粒很小，因此材料中的内在气孔或缺陷尺寸大大减少，材料不易造成穿晶断裂，有利于提高材料的断裂韧性，使纳米陶瓷表现出独特的超塑性。许多纳米陶瓷在室温下或较低温度下就可以发生塑性变形。例如，纳米 TiO_2 陶瓷和 CaF_2 陶瓷在 180 ℃下，在外力作用下可发生塑性弯曲。即使是带裂纹的 TiO_2 纳米陶瓷也能经受一定程度的弯曲而裂纹不扩散。

2. 纳米微孔玻璃

纳米微孔 SiO_2 玻璃粉也是一种新型的无机纳米材料，近年来被广泛用做功能性基体材料。在生物化学和生物医学器械方面，纳米微孔玻璃可以用做微孔反应器、微晶存储器、功能性分子吸附剂、化学或生物分离基质、生物酶催化剂载体、药物控制释放体系的载体等。

3. 纳米碳材料

碳纳米技术的研究近年来相当活跃，多种多样的纳米碳结晶（如富勒烯 C_{60}、纳米碳纤维、纳米碳管、石墨烯等）材料具有许多优异的物理和化学特性，被广泛地应用于诸多领域。

（1）碳纳米管。碳纳米管是由碳原子形成的石墨烯片层卷成的无缝、中空的管体，一般可分为单壁碳纳米管、双壁碳纳米管和多壁碳纳米管。

碳纳米管具有弹性高、密度低、绝热性好、强度高、隐身性优越、红外吸收性好、疏水性强等优点，它可以与普通纤维混纺制成防弹保暖隐身的军用装备；碳纳米管由于其管道结构及多壁碳管之间的类石墨层空隙，成为最有潜力的储氢材料；碳纳米管具有大长径比、纳米尺度尖端、高模量的特点，是理想的电子探针材料，即使与被观察物体的表面发生碰撞也不易折断，可与被观察物体进行软接触；碳纳米管吸附某些气体之后，导电性发生明显改变，因此可将碳纳米管做成气敏元件对气体实施探测报警；在碳纳米管内填充光敏、湿敏、压敏等材料，还可以制成纳米级的各种功能传感器；由于碳纳米管具有纳米级的内径，类似石墨的碳六元环网和大量未成键的电子，所以碳纳米管可选择吸附和活化一些较惰性的分子。

（2）碳纤维。碳纤维分为丙烯腈碳纤维和沥青碳纤维两种。碳纤维化学性能非常稳定，耐腐蚀性高，同时耐高温和低温、耐辐射，有高超的强度，质轻于铝而强度高于钢，它的密度是铁的 1/4，强度是铁的 10 倍。

碳纤维大量用于航空器材、运动器械、建筑工程等不同的领域。美国伊利诺伊大学发明了一种廉价碳纤维，有高强力的韧性，同时有很强劲的吸附能力、能过滤有毒的气体和有害的生物，可用于制造防毒衣、面罩、手套和防护性服装等。

（3）碳球。一类是富勒烯族系碳球和洋葱碳，具有封闭的石墨层结构，直径为 $2\sim20$ nm，如 C_{60}、C_{70}；另一类是未完全石墨化的纳米碳球，直径为 50 nm～1 μm。另外，根据碳球的结构形貌可分为空心碳球、实心硬碳球、多孔碳球、核壳结构碳球和胶状碳球等。

6.5.3　纳米材料的用途

1. 医药

应用纳米技术能在纳米材料的尺度上直接利用原子、分子的排布制造具有特定功能的药品。药物纳米材料粒子将使其在人体内的传输更为方便，用数层纳米粒子包裹的智能药物进入人体后可主动搜索并攻击癌细胞或修补损伤组织。使用纳米技术的新型诊断仪器只需检测少量血液，就能通过其中的蛋白质和 DNA 诊断出各种疾病。

2. 家电

可以用纳米材料制成具有抗菌、除味、防腐、抗老化、抗紫外线等功能的塑料，用于制作电冰箱、空调等家电的外壳。

3. 电子计算机和电子工业

纳米材料可用于制造存储容量为目前芯片上千倍的纳米材料级存储器芯片，还可用纳米材料来使电子计算机缩小成为"掌上电脑"。

4. 环境保护

纳米材料可以制造具有独特功能的纳米膜，能够探测到由化学或生物制剂造成的污染，并能够对这些制剂进行过滤，从而消除污染。

5. 纺织工业

在合成纤维树脂中添加纳米级的 SiO_2、ZnO、SiO_2 复配粉体材料，经抽丝、织布，可制成杀菌、防霉、除臭和抗紫外线辐射的内衣和服装，可制得满足国防工业要求的抗紫外线辐射的功能纤维。

6. 机械工业

采用纳米材料技术对机械关键零部件进行金属表面纳米粉涂层处理，可以提高机械设备的耐磨性、硬度和使用寿命。

思 考 题

1. 什么样的材料可归类为结构材料？哪些材料属于功能材料？
2. 根据材料的化学组成成分，可以将其分为哪几大类？
3. 你所熟悉的材料与哪些化学知识有关？
4. 如果让你利用所掌握的化学知识去开发一种新材料，你会设计合成何种材料？这种材料有何用途？

第7章　化学与生活

7.1　概　述

　　人类的文明和社会发展与化学有着密切的关系，化学物质、化学现象、化学变化无时不在。随着科学技术的迅猛发展，人们物质生活水平的不断提高，现代社会中人们的生活更离不开化学，大量的家用化学品已悄悄地进入了每个家庭，成为人们衣、食、住、行中不可缺少的组成部分。大量化学品用于家庭生活，不仅美化了人们的生存空间，丰富了人们的生活内容，而且给人们的生活带来了极大的便利。化学知识广泛地渗透进每个人和社会生活的各个方面。人们面对着越来越多的生活中存在的化学现象，应该了解化学与日常生活的密切联系，逐步学会分析和解决生活中与化学有关的实际问题。

7.2　营 养 化 学

　　俗话说"民以食为天"，为了维持生命和保持充沛的精力参加学习、工作，人们每天都要进食。人人都想吃饱吃好，健康长寿。但是，经验证明只有进食得当才能保证充足的营养，而进食不当则会影响健康，甚至致病。随着生活水平的提高，相当一部分人由过去吃不饱变成营养过剩、富贵病缠身。实际上，我们正面临营养过剩与营养不良的双重挑战。那么，应当吃些什么？各种食品的成分和营养如何？食物如何搭配才能保证充足的营养？要回答这些问题，积累相关的化学知识是十分必要的。

7.2.1　现代营养学

　　人体所有营养成分均来源于食物，而食物都是由化学物质组成的。人们为了维持生命与健康，保证正常的生长、发育和从事各项劳动，每天都必须摄取一定量的食物。食物中所含的营养成分，通过人体内的一系列的代谢过程，产生热能以补充人们从事劳动和维持生命活动的消耗，同时，经过代谢产生的各种营养成分，经吸收后供人体生长、发育和修补组织之需。代谢过程包括食物的消化、吸收、利用和排泄。消化是人体通过消化器官分泌的各种水解酶将食物中复杂的营养成分（主要指淀粉、蛋白质、纤维素等高分子有机物质）水解为简单的营养成分的功能。例如，淀粉水解为葡萄糖、蛋白质水解为氨基酸、甘油水解为脂肪酸。

　　现代营养学认为，只有全面而合理的膳食营养，即平衡饮食，才能维持人体的健康。成书于 2400 多年前的中医典籍《黄帝内经·素问》已有"五谷为养，五果为助，五畜为益，五菜为充，气味合而服之，以补精益气"及"谷肉果菜，食养尽之，无使过之，伤其正也"的记载，在世界饮食科学史上，最早提出了平衡饮食观点。"五谷为养"是谷物和豆类作为养育人体的主食，富含糖类、脂肪和蛋白质等。我国人民的饮食习惯是以糖类作为热能的主要来源，而人类的生长发育的自身修补则主要依靠蛋白质，故"五谷为养"是符合现代营养学观点的。"五果为助"是指水果富含维生素、纤维素、糖类和有机酸等物质，可以生食，且能避免因烧煮破坏其营养成分，有助养生和健身，故"五果"是平衡饮食中不可缺少的辅助食品。"五畜为益"指动物性食物，多为高蛋白、高脂肪、高热量，而且含有人体必需的氨基酸，是人体正常生理代谢及增强机体免疫力的重要营养物质，能增补五谷主食营养的不足，是平衡饮食食谱的主要辅食。"五菜为充"则指各种蔬菜均含有多种微量元素、维生素、纤维素等营养物质，有增食欲、充饥腹、助消化、补营养、防便秘、降血脂、降血糖、防肠癌等作用，故对人体的健康十分有益。这些观点很符合现代营养学的原则，营养成分通过人体的吸收与利用，变为机体的组成部分，反过来，又对机体起调节控制作用。例如，维生素在人体内含量较少，不足以满足人的生命活动需要，所以必须由食物来供给，而食物中的维生素不具备生物活性，但经人体吸收后，通过在人体内发生的化学反应就会合成有生理活性的维生素。人体如果缺乏某种维生素，就会产生相应的病变。

　　食物的五味既能满足每个人不同的嗜好，又有不同的功效。辛味食物如生姜、辣椒等，大多含有挥发油，有散寒、行气、活血之功，但过食则有气散和上火之弊。甘味食物如白糖、大米等，富含糖类，有滋补、缓和之力，过食则壅塞郁气。酸味食物如青梅、柠檬等，含有有机酸，有收敛、固涩之利，但过食则痉挛。苦味食物如苦瓜、杏仁等，多含有生物碱、甙类等苦味物质，有燥湿、泻下之益，但食多则骨重。咸味食物如食盐、紫菜等，钠盐较多，有软坚、润下之功，但多食则血凝。可见，营养来源于食物，更确切地说，就是营养来自食物中的化学物质。适当的营养、合理的饮食可促进人体正常发育，消除病患，延缓衰老。人体内的生物化学反应与生命活动依赖于化学物质的参与，而这些化学物质与营养密不可分，营养物质又从五谷杂粮、动物肉类、蔬菜水果中摄取。这三者是相辅相成的，在它们共同的作用下人体才能健康成长，益寿延年。

7.2.2　营养素

　　营养素是维持正常生命活动所必需摄入生物体的食物成分。现代营养学对于营养素的研究主要是针对人类和禽畜的营养素需要。营养素分蛋白质、脂肪、糖类、矿物质和微量元素、维生素五大类。

1. 蛋白质

机体组织细胞成分主要为蛋白质，体液也含有蛋白质，蛋白质是维持生命的重要物质基础。蛋白质的营养作用在于它的各种氨基酸，氨基酸是在生物体内构成蛋白质分子的基本单位，与生物的生命活动有着密切的关系。它在机体内具有特殊的生理功能，是生物体内不可缺少的营养成分之一。作为构成蛋白质分子基本单位的氨基酸，无疑是构成人体的最基本物质之一。构成人体的氨基酸有 20 多种，包括色氨酸、蛋氨酸、苏氨酸、缬氨酸、赖氨酸、组氨酸、亮氨酸、异亮氨酸、丙氨酸、苯丙氨酸、胱氨酸、半胱氨酸、精氨酸、甘氨酸、丝氨酸、酪氨酸、3,5-二碘酪氨酸、谷氨酸、天门冬氨酸、脯氨酸、羟脯氨酸、精氨酸、瓜氨酸、乌氨酸等。这些氨基酸存在于自然界中，在植物体内都能合成，而人体不能全部合成。其中 8 种是人体不能合成的，必须由食物中提供，称为"必需氨基酸"。这 8 种必需氨基酸是色氨酸、苏氨酸、蛋氨酸、缬氨酸、赖氨酸、亮氨酸、异亮氨酸和苯丙氨酸。其他则是"非必需氨基酸"。组氨酸能在人体内合成，但其合成速度不能满足身体需要，有人也把它列为"必需氨基酸"。胱氨酸、酪氨酸、精氨酸、丝氨酸和甘氨酸长期缺乏可能引起生理功能障碍，被列为"半必需氨基酸"，因为它们在体内虽然能合成，但其合成原料是"必需氨基酸"，而且胱氨酸可取代 $80\% \sim 90\%$ 的蛋氨酸，酪氨酸可替代 $70\% \sim 75\%$ 的苯丙氨酸，起到"必需氨基酸"的作用。上述把氨基酸分为"必需氨基酸"、"半必需氨基酸"和"非必需氨基酸"三类，是按其营养功能来划分的；如按其在体内代谢途径可分为"成酮氨基酸"和"成糖氨基酸"；按其化学性质又可分为中性氨基酸、酸性氨基酸和碱性氨基酸，大多数氨基酸属于中性。生命的产生、存在和消亡无一不与蛋白质有关，正如恩格斯所说："蛋白质是生命的物质基础，生命是蛋白质存在的一种形式。"

氨基酸在人体内通过代谢可以发挥下列作用：构成和修补组织、构成酶和激素的成分、构成抗体、提供热能维持血浆胶体渗透压、供给热能。因此，氨基酸在人体中的存在，不仅提供了合成蛋白质的重要原料，而且对于促进生长、进行正常代谢、维持生命提供了物质基础。如果人体中任何一种"必需氨基酸"缺乏，就可导致生理功能异常，影响抗体代谢的正常进行，最后导致疾病。同样，如果人体内某些"非必需氨基酸"缺乏，会产生抗体代谢障碍。精氨酸和瓜氨酸对形成尿素十分重要；胱氨酸摄入不足就会引起胰岛素减少，血糖升高。又如，人体遭受创伤后胱氨酸和精氨酸的需要量大增，如果缺乏，即使热能充足仍不能顺利合成蛋白质。

人体所需蛋白质来源于肉类、豆制品、鸡蛋、鱼类、奶类、硬果类、谷类等。各种蛋白质的氨基酸种类与含量是不相同的，有的蛋白质缺少某种必需氨基酸，如明胶蛋白不含色氨酸，玉米胶蛋白不含赖氨酸。因此，评价一种食物蛋白质的营养价值，主要应视其所含的各种必需氨基酸量是否能满足机体的需要。不足时，机体就不能有效地合成体蛋白质。

2. 脂肪

脂肪包括中性脂肪和类脂。中性脂肪是指由一分子甘油和三分子脂肪酸组成的化合物，又称甘油三酯；类脂主要是指在结构或性质上与油脂相似的天然化合物，它们在动植物界中分布较广，种类也较多，主要包括蜡、磷脂、萜类和甾族化合物等。中性脂肪富含热能，是产热能最高的热源物质，供给必需脂肪酸，提供热量、维持体温、保护脏器、促进脂溶性维生素吸收等。类脂是构成人体细胞，尤其是构成脑细胞和神经细胞的主要成分之一，在脑的成分中，50％～60％是由类脂组成的。构成脂肪的脂肪酸又分为饱和脂肪酸和不饱和脂肪酸，后者也称必需脂肪酸。必需脂肪酸主要有三种，即亚油酸、亚麻酸和花生四烯酸。这三种必需脂肪酸的生物活性不相同，以花生四烯酸的最大，亚油酸的其次，亚麻酸的最小。必需脂肪酸缺乏，可引起细胞膜磷脂的脂肪酸组成发生改变，从而影响膜的功能。脂肪的主要来源是食用油、奶油、黄油、动物性食品和坚果类。

3. 糖类

糖类又称碳水化合物，由碳、氢、氧三种元素组成。从化学结构上看，它是多羟基醛酮或多羟基醛酮的缩合物，是供给生物热能的一种主要营养素。食物中的糖类是多糖（淀粉）和纤维素。多糖的降解产物单糖可为绝大多数生物所利用，而纤维素则仅在具有纤维素酶的生物体内才能被降解和利用。糖是脑活动的主要能源物质，从食物中摄取的糖分，进入人体内先分解成葡萄糖、果糖、半乳糖，被身体吸收，葡萄糖由血液输送到身体各部位，成为活动时所需要的能源。脑是消耗血糖最多的器官，脑所消耗的葡萄糖量是全身能量消耗总数的 20％。在膳食热量摄入不足时，机体的脂肪组织和蛋白质将被分解以补充热量的不足，表现为生长停滞，体重下降。

依人的饮食习惯不同，糖类供给的热量一般占总热能消耗的 45％～80％，在经济不发达地区可高达 90％以上，这是因为糖类是最廉价的热能来源。来源于糖类的热能不宜少于总热能的 45％。纤维不能为人和多数动物所消化利用。膳食纤维包括纤维素、半纤维素、果胶、藻多糖和木质素。膳食纤维经胃肠道中细菌的纤维素酶发酵，可有大部分被酶解为短链脂肪酸，草食动物即以此为能量来源。膳食纤维可降低肿瘤（如结肠癌）的发生，其原因在于它们的亲水性和形成凝胶的能力可增大粪便体积，利于排出，从而加速致肿瘤活性的固醇代谢物的排泄，减少了与结肠接触的时间。

4. 矿物质和微量元素

无机盐约占人体体重的 5%它是构成骨骼和牙齿等坚硬组织、肌肉及其他软组织的重要材料。从组成元素的种类看，人体至少需要 20 多种元素才能维持正常的健康状态。这些元素不仅存在于体内，而且它们还必须处于适当的位置、具有恰当的量和固定的化合价。它们在生物体内的主要功能是，作为电荷和分子的载体、传递神经脉冲信息，成为酶催化的活动中心，进行氧化还原反应和组成骨架结构等，同时也在维持体内酸碱平衡、维持组织细胞渗透压、调节神经兴奋、肌肉运动等方面发挥着重要作用。其中具有生理功能的少部分元素称为必需元素。按其在体内的含量又分为大量营养元素和微量营养元素。前者有钙、磷、镁、钾、钠、氯、硫，后者有铁、铜、锌、锰、钼、铬、钴、镍、钒、锡、碘、硒、硅、氟等。

无机盐在食物中分布广泛，含量较多的有 7 种元素构成的盐，也是人体吸收最多而且对生命活动作用最大的无机盐。

钠元素主要由食盐提供，其生理功能是：参与体内的酸碱平衡，调节 pH；维持细胞外液一定的渗透压；与钾离子一起对骨骼肌有兴奋性。正常人每天食盐摄入量为 8~15 g，如果摄入量太少，会影响生长，使骨骼软化，出现疲倦、恶心、食欲缺乏、嗜睡甚至昏迷等现象，也就是医学上所说的低盐综合征。严重缺盐会造成酸中毒而引起死亡，故失盐太多的重体力劳动者和运动员应及时补充适量的食盐。但如果食盐摄入太多，易诱发高血压等疾病。

钙是无机离子在体内存在最多的一种，其中 99% 集中在骨骼和牙齿。钙可保持体液呈弱碱性的正常状态，防止人体陷入容易导致疲劳的酸性体液环境。钙离子对心脏的正常搏动、血液的凝固、肌肉和神经正常兴奋性传导有重要作用。人体要保持健康，就必须从食物中吸收足够的钙。其中，奶及奶制品含钙量最高，其次是蛋黄、豆类、花生。动物骨骼中含有大量的钙，但骨头汤中含钙量却很低，常喝骨头汤可以补钙实际上是一种误解，因为骨骼中的钙盐难溶于水。我国膳食以谷类为主，易出现缺钙现象。严重缺钙会引起成长缓慢、食物消化量降低、患缺钙佝偻病等，尤其是儿童和老年人常需补钙。为了促进钙的吸收，可同时服用少量维生素 D，但绝对不能盲目补钙，一定要遵循医嘱。如果不缺钙的人过多补钙可能会出现"鬼脸"综合征、鸡胸等病症，这就是钙中毒的表现，而且一旦引起钙中毒，将无法治愈，造成终身遗憾。

钾离子是细胞液的重要元素和重要成分。钾离子的生理功能主要是维持细胞内液的渗透压，其次还能维持神经和骨骼肌的正常兴奋性、维持心脏的正常舒缩搏动，同时还通过酶参与糖类和蛋白质的代谢和合成。植物性和动物性食物中均含有丰富的钾离子，食盐中也含一定量的钾，所以人体内一般不会缺钾。低钾症主要体现为四肢乏力，并渐进性加重直至瘫痪。平时多吃含钾的水果，如香蕉、橘子、西红柿、甜瓜和桃子，也可口服少量氯化钾溶液治疗低钾症，但大剂量地服用氯化钾会刺激胃肠道，有时会导致小肠溃疡。

另外，镁是构成骨骼和牙齿的重要成分之一，主要生理功能是维持心肌正常功能，特别是与血压、心肌的传导性及节律、心肌舒缩有关，缺镁会出现肌肉软弱、萎缩、晕眩、高血压、心律不齐等。磷在体内主要以糖磷酸酯、核蛋白、磷蛋白、核酸、肌醇六磷酸及无机磷化合物形式存在，储存能量，参与糖类、脂肪、蛋白质的代谢，调节体内酸碱平衡，缺磷时会降低钙的吸收，出现食欲缺乏、生长不良等。硫是构成蛋白质和维生素 B 的重要元素，含硫的蛋白质和维生素 B 有解毒功能，但硫的无机化合物对人体有害。氯元素主要是以氯化钠的形式被吸入体内，主要功能是维持体内酸碱平衡（如胃酸的主要成分就是盐酸）。镁、磷、硫、氯四种元素在体内一般不会缺少。

这里值得注意的是人体内的微量元素，尽管它在人体内含量少，但对人体的健康有着重要的作用。某些微量元素是有毒性的，如 Pb、Be、Mn、Cd 和 Cr 等，但恰当的含量对人体却是有益的。如果在人体内某种元素或化合物超过了所需的限量，则无毒物质也会变为有毒的物质，而含量不足又会引起元素缺乏症，产生病变。铁存在于血红蛋白与肌红蛋白之中，在它们执行载氧与储氧的过程中，铁扮演了十分重要的角色。缺铁可引起缺铁性贫血。铜与铁在血红蛋白合成中有协同作用。碘是甲状腺素的主要成分，缺碘发生甲状腺肿大。铬是糖耐量因子的成分，钴是维生素 B_{12} 的成分。研究揭示，微量元素通过与蛋白质和其他有机基团结合，形成了酶、激素、维生素等生物大分子，发挥着重要的生理生化功能。锌是 40 余种酶的辅基，而且锌在维持胰岛素的主体结构中也不可缺少，每个胰岛素分子结合两个锌原子。缺锌将导致智力低下、生长停滞和性发育不成熟。锰、钼、硒也都是酶的成分。氟由于具有防龋齿作用，因此也是必需元素。机体内含铁、铜、锌总量减少，均可减弱免疫机制，降低抗病能力，助长细菌感染，而且感染后的死亡率也较高。微量元素在抗病、防癌、延年益寿等方面都起着不可忽视的作用。

人体所需要的各种元素都是从食物中得到补充。由于各种食物所含的元素种类和数量不完全相同，所以在平时的饮食中，要做到粗、细粮结合和荤素搭配，不偏食，不挑食，就能基本满足人体对各种元素的需要。反之，可造成某些元素的缺乏。人体缺乏某种微量元素会导致疾病，若能在药物治疗的同时辅以食补，效果将会更好。缺铁者可多食黑木耳、海藻类、动物肝脏、黄花菜、血豆腐、蘑菇、油菜、腐竹、芝麻、蚬子等。缺锌者可多食鱼、牡蛎、瘦猪肉、牛肉、羊肉、动物肝肾、蛋类、可可、奶制品、干酪、花生、芝麻、大豆制品、核桃、糙米、粗面粉等。缺镁者可多食海带、紫菜、芝麻、大豆、糙米、玉米、小麦、菠菜、芥菜、黄花菜、黑枣、香蕉、菠萝等。缺碘者可多食海带、紫菜、海鱼、海虾等。缺钙者可多食虾米、虾皮、蟹、鱼、海藻、海带、菠菜、大豆、核桃、花生等。

5. 维生素

维生素（vitamin），通俗地说，即维持生命的元素，是维持人体生命活动必需的一类有机物质，也是维持人体健康的重要活性物质。各种维生素的化学结构及性质虽然不同，但它们却有着共同点，即维生素均以维生素原（维生素前体）的形式存在于食物中；维生素不是构成机体组织和细胞的组成成分，也不会产生能量，它的作用主要是参与机体代谢的调节；大多数维生素机体不能合成或合成量不足，不能满足机体的需要，必须经常通过食物获得；人体对维生素的需要量很小，日需要量常以毫克或微克计算，但一旦缺乏就会引发相应的维生素缺乏症，对人体健康造成损害。

维生素是人体代谢中必不可少的有机化合物。人体犹如一座极为复杂的化工厂，不断地进行着各种生化反应，其反应与酶的催化作用有密切关系。酶要产生活性，必须有辅酶参加。已知许多维生素是酶的辅酶或者是辅酶的组成分子。因此，维生素是维持和调节机体正常代谢的重要物质。有些物质在化学结构上类似于某种维生素，经过简单的代谢反应即可转变成维生素，此类物质称为维生素原，如 β-胡萝卜素能转变为维生素 A；7-脱氢胆固醇可转变为维生素 D_3。目前所知的维生素就有几十种，大致可分为水溶性和脂溶性两大类。水溶性维生素在肠道吸收后，通过循环到机体需要的组织中，水溶性维生素易溶于水而不易溶于非极性有机溶剂，吸收后体内储存很少，过量的多从尿中排出；脂溶性维生素大部分由胆盐帮助吸收，循淋巴系统到体内各器官，脂溶性维生素易溶于非极性有机溶剂而不易溶于水，可随脂肪为人体吸收并在体内储积，排泄率不高。有些维生素如维生素 B_6、维生素 K 等能由动物肠道内的细菌合成，合成量可满足动物的需要。动物细胞可将色氨酸转变成烟酸（一种 B 族维生素），但生成量不能满足需要；维生素 C 除灵长类（包括人类）及豚鼠以外，其他动物都可以自身合成。植物和多数微生物都能自己合成维生素，不必由体外供给。食物，特别是蔬菜和水果中都含有丰富的维生素，只要不偏食，常吃蔬菜和水果，就可以获得满足人体需要的维生素。

7.3　食品添加剂

我国对食品添加剂的定义是：为改善食品品质和色、香、味以及为了防腐和加工工艺的需要而加入食品中的物质。另外，对食品强化剂的规定是：为增加营养成分而加入食品中的天然或人工合成物质，且属于天然营养素范围的食品添加剂。食品添加剂按生产方法分类，则有化学合成、生物合成（酶法和发酵法）、天然提取物三大类。按功能分类，根据我国颁布的《食品添加剂分类与代码》（GB 12493—90）中的规定，将食品添加剂归为 21 类，包括：酸度调节剂、抗结剂、消泡剂、抗氧化剂、漂白剂、膨松剂、着色剂、护色剂、乳化剂、酶制剂、增味剂、面粉处理剂、被膜剂、水分保持剂、营养强化剂、防腐剂、稳定剂、凝固剂、甜味剂、增稠剂和其他。

需要说明的是，不同国家或同一国家在不同历史时期对食品添加剂的定义与分类往往不同。这里仅就几种主要食品添加剂作简单的介绍。

7.3.1　防腐剂

防腐剂是指为保存食品或防止食品腐败而使用的添加剂，可抑制腐败细菌等微生物的繁殖作用而保持食品的风味和外观不变。但是防腐剂的效果不是永久性的，只能延迟腐败的时间。例如，苯甲酸及苯甲酸钠、山梨酸及山梨酸钾、丙酸钠及丙酸钙、对羟基苯甲酸乙酯及对羟基苯甲酸丙酯、脱氢乙酸及脱氢乙酸钠、乳酸链球菌素、过氧化氢等。这些产品我国都有生产，其中苯甲酸及其钠盐是产量和用量最大的品种，其优点是成本低、效果好，缺点是防腐效果受毒性影响较大，使用范围有一定的局限性。山梨酸是毒性最低的防腐剂之一，适用的范围比苯甲酸的范围广。丙酸钠及丙酸钙由于对酵母几乎无效，而对使面包生成丝状黏质的细菌有效，同时毒性极低，成为各国广泛采用的面包和糕点防腐剂。

7.3.2　抗氧化剂

氧化是导致食品品质劣变的重要因素之一，抗氧化剂则能防止食品被氧化。抗氧化剂通常是自身易被氧化的物质，在食品中它先被氧化而防止食品被氧化变味。抗氧化剂按溶解性能可分为油溶性和水溶性两类。过去一段时期使用的抗氧化剂以丁基羟基茴香醚（BHA）、二丁基羟基甲苯（BHT）、叔丁基对苯二酚（TBHQ）、没食子酸丙酯（PG）、抗坏血酸（维生素 C）和维生素 E 等为主。但是，近期发现 BHA 可能有致癌作用，所以改用维生素 E 替代。使用酚类抗氧化剂时加入某些酸性物质，如柠檬酸、磷酸和抗坏血酸等，可显著提高抗氧化效果，这些酸性物质称为抗氧化增效剂。

没食子酸丙酯是使用广泛的油溶性抗氧化剂，对猪油的抗氧化作用突出，如果加入增效剂则效果更好。维生素 E 的热稳定性、耐紫外线性能等比较好，适用做油炸食品、薄膜包装食品的抗氧化剂。

由于化学合成的抗氧化剂有毒性问题，难以被政府批准使用，所以目前各国都重视天然物质抗氧化剂的研究开发工作，如谷维素、氨基酸、肽类等。

7.3.3　酸度调节剂

酸度调节剂也称酸味剂，是可赋予糕点、果汁和果酱等食品酸味的物质，如柠檬酸和酒石酸等有机酸，而且多与食糖或人工甜味剂并用。我国使用的酸味剂以柠檬酸为主，由发酵法生产，它也是国外应用最广泛的酸味剂，有温和爽快的酸味。乳酸有强烈的酸味，也是各国普遍使用的酸味剂。

7.3.4　甜味剂

甜味剂的代表性物质为糖精钠，发明于 1879 年，由石油焦化产品加工得到，甜度是蔗糖的 300~400 倍，常用于制糖浆、饮料、食品和酒类等，它本身是低热量的食品甜味剂。但最近研究结果表明，糖精的致畸危险性较高。因此，对我国目前食品中违法超量使用糖精的情况应加强管理，同时加快推广或研制安全性高的甜味剂。例如，三氯蔗糖（蔗糖素）就是一种新型且安全的甜味剂，其甜度可达蔗糖的 600 倍，是由英国泰莱公司与伦敦大学共同研制并于 1976 年申请专利的一种新型甜味剂。它以蔗糖为原料合成得到，具有无能量、甜度高、甜味纯正、高度安全等特点，是目前最优秀的功能性甜味剂之一。另外，目前已批准使用的天然甜味剂种类不少，如甘草、甜味菊苷、天冬甜精、甜蜜素、罗汉果、山梨糖醇和麦芽糖醇等。

总之，食品添加剂是食品工业中不可缺少的组成部分，当今已渗透到所有的食品加工领域，包括粮油加工、肉禽加工、果蔬加工以及酿造、饮料、甜食、营养品等工业部门。此外，食品添加剂也是烹饪行业所必需的辅料，并开始进入家庭的一日三餐。食品添加剂及配料是我国随着改革开放迅速发展起来的新兴工业，经过近几十年的发展，许多品种已形成了年产几万吨以上的规模，如味精、柠檬酸、酵母等。尽管如此，我国的食品添加剂生产仍不能满足市场的需要，开发和发展食品配料及添加剂具有广阔的发展前景。

7.4　洗涤用化学品

洗涤用化学品是为洗涤过程而专门配制的产品，其主要成分为表面活性剂、助剂和添加剂，作用是去污。洗涤用品可以从不同的角度分类，根据外观上的不同可分为粉状、块状、膏状、浆状和液状洗涤剂；根据去除污垢类型可分为轻垢洗涤剂和重垢洗涤剂；根据洗涤剂的应用部门可分为工业用清洗剂和民用洗涤剂；民用洗涤剂作为家庭用洗涤剂，可分为洗涤衣物、厕所、厨房厨具、餐具、水果蔬菜等洗涤剂；个人卫生用洗涤剂可分为洗发、洗脸、洗手和沐浴等洗涤剂。

7.4.1　常用清洗剂的化学组成

1. 溶剂

清洗剂中的溶剂是指能把清洗对象的污垢以溶解或分散的形式剥离下来，且没有稳定的、化学组成确定的新物质生成的物质。它包括水及非水溶剂。水是自然界存在的，也是最重要的溶剂。在工业清洗中，水既是多数化学清洗剂的溶剂，又是许多污垢的溶剂。在清洗中，凡是可以用水除去污垢的场合，就不用非水溶剂及各种添加剂。非水溶剂包括烃与卤代烃、醇、醚、酮、酯、酚等及其混合物，其主要用于溶解有机污垢，如油垢及某些有机化合物垢。

2. 表面活性剂

表面活性剂的分子中同时具有亲水的极性基团与亲油的非极性基团，当它的加入量很少时，即能大大降低溶剂（一般是水）的表面张力以及液/液界面张力，并且具有润滑、增溶、乳化、分散和洗涤等作用。表面活性剂有多种分类方法，一般根据它在溶剂中的电离状态及亲水基团的离子类型分类。最常用的有阴离子表面活性剂、阳离子表面活性剂、两性表面活性剂及非离子表面活性剂等，前三类为离子型表面活性剂。表面活性剂在家庭生活及工业生产的清洗中有广泛的用途。

3. 酸碱清洗剂

酸碱清洗剂是借助于和污垢发生酸碱反应（有时也伴有氧化还原等反应），使污垢转变为可溶解或分散于清洗液的清洗剂，大多为无机酸、碱及水解后呈酸性或碱性的盐，有时也用到有机酸。

大多数酸碱清洗剂都是由酸、碱的水溶液加必要的助剂组成的。另外还有在高温条件下以熔融状态和污垢作用的酸或碱，使原来不溶解或难溶解于清洗介质中的污垢转化为易溶解的化合物，这类酸与碱通常称为熔融剂。这种清洗剂对于用溶剂或溶液难以清除的污垢有良好的效果。

4. 氧化还原剂

氧化还原剂是主要借助于与污垢发生氧化还原反应而清除污垢的制剂，即为清洗用氧化剂或还原剂，包括熔融剂。氧化剂用于清除有还原性的污垢，如许多有机污垢；还原剂用于清除有氧化性的污垢，如锈垢。

5. 金属离子螯合剂

金属离子螯合剂是指借助于与污垢中的金属离子发生配合反应，使污垢转变为易溶于清洗剂的螯合物，这种清洗剂或助剂即为螯合剂。它常用于锈垢及无机盐垢的清洗。

6. 吸附剂

通过对污垢的物理吸附或化学吸附而清除污垢的物质即为清洗用的吸附剂，应选择对污垢有很强的亲和力的吸附剂用于清洗。

7. 杀菌灭藻与污泥剥离剂

可以杀灭被清洗表面的菌藻、剥离微生物污泥的化学药剂即为杀菌灭藻与污泥剥离剂。它分为无机类与有机类两种，无机类的通常又是强氧化剂。

8. 酶制剂

酶制剂是由动物、植物与微生物产生的具有催化能力的蛋白质，在污垢的清洗中，它可以和有机污垢发生生化反应，促进污垢的分解与脱落。例如，把蛋白酶、脂肪酶、淀粉酶、纤维素酶等加入清洗液中，可加快相应污垢的清除。

7.4.2　常用的清洗剂

1. 肥皂

肥皂的主要成分是高级脂肪酸盐（RCOOM），其中 R 为烷基 $C_{10} \sim C_{20}$，M 为 K^+、Na^+ 等。通常以高级脂肪酸的钠盐用得最多，一般称为硬肥皂；高级脂肪酸的钾盐称为软肥皂，多用于洗发刮脸等；高级脂肪酸的铵盐则常用做雪花膏。根据肥皂的成分，从脂肪酸部分来考虑，饱和度大的脂肪酸所制得的肥皂比较硬；反之，不饱和度较大的脂肪酸所制得的肥皂比较软。从碳链 R 长短来考虑，如果脂肪酸的碳链太短，则制成的肥皂在水中溶解度太大；碳链太长，则溶解度太小。因此，只有 $C_{10} \sim C_{20}$ 的脂肪酸钾盐或钠盐才适合做肥皂，实际上，肥皂中含 $C_{16} \sim C_{18}$ 脂肪酸的钠盐最多。肥皂的主要原料是熔点较高的油脂，如牛油、猪油、硬化鱼油等动物油脂和椰子油、棕榈油等植物油。油脂与碱水溶液加热水解发生皂化反应后，加入食盐盐析，分去甘油和水，再加碱（如碳酸钠）碱析，使残余油脂进一步皂化，加电解质整理，加填料如硅酸钠、滑石粉和香精等调和，最后成型，经上述步骤即可制成肥皂。

普通使用的黄色洗衣皂一般掺有松香（松香的主要成分是松香酸，$C_{19}H_{29}COOH$），松香是以钠盐的形式加入的，其目的是增加肥皂的溶解度和多起泡沫，并且作为填充剂也比较便宜；白色洗衣皂则加入碳酸钠和水玻璃，一般洗衣皂的成分中约含 30% 的水分。在肥皂中加入适量的苯酚和甲酚的混合物或硼酸即得药皂。香皂需要比较高级的原料，如用牛油或棕榈油与椰子油混合，弄碎，干燥至含水量为 $10\%\sim15\%$，再加入香料、染料后，压制成型即得香皂。液体的钾肥皂常用做洗发水，通常是以椰子油为原料制得的。

肥皂是古老的洗涤剂，具有很多优点，在软水中去污力、洗涤性优良，润湿性好，手感好，具有极好的安全性和生物降解性。不足之处在于它在硬水中形成难溶于水的钙皂、镁皂，钙皂易吸附在织物上、洗涤容器的器壁上，使被洗织物泛黄，使器壁形成皂垢。

肥皂的用途很广，除了大家熟悉的用来洗衣服之外，还广泛地用于纺织工业。相对洗衣粉来说，它对人类和环境的影响是轻微的，但其剂型不适合洗衣机用。

2. 洗衣粉

洗衣粉是一种碱性的合成洗涤剂，具有去污力强、溶解性能好和使用方便的特点。洗衣粉的种类繁多，但其必需的成分仍是表面活性剂，再配以辅助成分，如螯合剂、抗再沉积剂、荧光增白剂、酶和填充剂等。

洗衣粉按使用浓度可分为普通洗衣粉、浓缩洗衣粉；按泡沫多少可分为高泡洗衣粉、中泡洗衣粉和低泡洗衣粉；按洗衣粉添加剂的功能特点可分为加酶洗衣粉、彩漂洗衣粉；按助剂的品种和性能可分为含磷和无磷两大类。

洗涤剂助剂中的磷酸盐主要是三聚磷酸钠，它的主要作用是螯合硬水离子，使水软化，其次它对污垢有乳化作用，对固体粒子有分散作用。它在洗衣粉中加量为 $20\%\sim40\%$。含磷的洗涤剂洗涤后排入江河湖海，磷是藻类植物营养源，使藻类植物疯长，形成赤潮、蓝潮，造成水严重缺氧，鱼类无法生存，严重破坏生态平衡，所以限磷、禁磷是洗涤行业面临的严重问题。

3. 洗衣液

洗衣液是液态的衣物用洗涤剂，主要成分是表面活性剂、助洗剂、香精和水等。中高档洗衣液还另外加有柔软因子、酶制剂、抑菌剂、抗紫外线和护色固色剂等功能性组分。它在水中溶解速度快，相对洗衣粉来说碱性较低、性能较温和、不损伤衣物。市场上的洗衣液按用途可分为通用型洗衣液和专用型洗衣液。通用型洗衣液主要用于洗涤棉、麻、化纤及混纺织物；专用型洗衣液包括局部去渍剂、丝毛洗涤剂、羊绒洗涤剂、羽绒洗涤剂、丝绸洗涤剂、内衣洗涤剂、婴儿织物用洗涤剂等。洗衣液按表面活性剂含量的高低可分为普通型和浓缩型；按其功能的不同又可分为洗涤柔软二合一洗衣液、漂白洗衣液、除菌洗衣液、抗紫外线洗衣液和护色固色洗衣液等；按有无加酶可分为一般洗衣液和加酶洗衣液等。

纤维素在碱性条件下比较稳定，在酸性条件下能水解，所以洗涤棉料的衣服饰物应选择弱碱性的合成洗涤剂或肥皂。羊毛和丝绸的主要成分是蛋白质，而蛋白质在酸性或碱性条件下能够水解，所以洗涤毛料和丝绸的衣服最好使用中性的合成洗涤剂。

4. 干洗剂

某些服装制品（如高档西服）不宜水洗，水洗后易变形，必须进行干洗。干洗是用脂肪烃类溶剂、表面活性剂和少量的水组成的干洗剂进行洗涤。脂肪烃类溶剂是指烷烃和氯代烃，作用是去除油污。表面活性剂是油溶性的表面活性剂，如脂肪醇、聚乙烯醚磷酸盐，它可防止溶剂中污垢再沉积。少量的水使织物和污垢表面水化，利于表面活性剂基团吸附，同时利于水溶性污垢被增溶于胶束内，易于清除纺织品表面的污垢。

5. 洗手液

洗手液主要成分包括表面活性剂、润肤剂、杀菌剂和其他添加剂。按主要去污成分可分为表面活性剂型、皂基型和复合型；按附加功能可分为普通型和抗菌、抑菌型；按使用方法可分为水洗型和干洗型；按外观可分为透明型和乳浊型。洗手液采用方便的泵头包装，使用方便，隔绝外部污染，避免因香皂公用引起的交叉感染；洗手液为中性液体，与人体皮肤 pH 相适应，并且有些产品还添加了芦荟、沙棘油等润肤性成分，不刺激手部皮肤。

6. 餐具洗涤剂

餐具洗涤剂一般是液体，洗涤剂的各组分对人体安全无害，能较好地去除动植物油污，不损伤餐具、炊具，主要用于家庭，性能较温和。餐具洗涤剂可分为手洗和机洗两种类型。手洗餐具洗涤剂主要成分是有强力去污作用的烷基苯磺酸盐、对皮肤温和且抗硬水性较强的烷基硫酸盐和醇醚硫酸盐，也含有少部分其他阴离子或非离子表面活性剂的复合剂，这几种表面活性剂复配可得到去油污力强且对皮肤温和的产品。更温和的含甜菜碱或烷基葡萄糖苷等表面活性剂，由于是中性或弱碱性，其污垢去除主要是通过表面活性剂的油脂溶解和乳化能力以及擦洗的机械作用来实现。机洗餐具洗涤剂要求低泡，一般使用低泡性能的聚氧丙烯和聚氧乙烯嵌段共聚物，用这种活性物配制的洗涤剂润湿性好，易清洗干净，沥水快。普通洗涤剂在洗涤时一般会产生泡沫，产生的泡沫会使洗碗机中的水溢出到洗碗机底板上，造成洗碗机自动停机，影响洗碗机的运转和洗涤效果。专用洗涤剂应符合无毒、低泡等要求，适合洗碗机专用。同时，对油污分解能力要好，能够有效分解餐具表面的油污。

7. 厨具洗涤剂

厨具中主要是灶具、抽油烟机的油垢多，还有油脂被加热氧化形成树脂状污垢，一般的洗涤剂难以将其去除。厨具洗涤剂针对污垢特点设计配方，主要由表面活性剂、溶剂、乳化剂、香料、水构成，配方中的表面活性剂要求对油垢渗透力好，溶解性能好，对油的去污力强；配方中加入溶剂可增加洗涤剂溶解油垢的能力；较强的碱性也利于污垢去除。例如，粉状配方磨料是配方中的主要组分，因摩擦力增加，故有助于污垢去除。

8. 蔬菜、水果清洗剂

用于蔬菜、瓜果等的清洗剂应符合本身无毒、安全、去污好、无残留物、不破坏营养成分、起泡适中，且不会带来二次污染的要求。一般选用脂肪酸蔗糖酯和脂肪酸失水山梨醇酯等非离子表面活性剂。为了增加上述活性物质在水中的溶解性能，通常加入一定量的低分子醇类，如乙醇、丙醇和甘油等。蔬菜和水果经过清洗剂洗涤，可洗掉 90％的虫卵、90％的细菌，对于鱼类和贝类还可以去除脂肪和血液等污垢。使用时必须强调，无论清洗剂安全性如何，都要在用洗涤剂后尽量漂洗干净，防止洗涤剂的残留。

9. 消毒洗涤剂

消毒洗涤剂是一种洗涤和消毒合二为一的洗涤剂，其成分为保证去污效果的表面活性剂和具有杀菌作用的成分，前者与其他一般洗涤活性物一样，杀菌成分包括酚的衍生物、碘络合物、次氯酸钠等；阳离子表面活性剂的某些品种有杀菌作用，典型代表为二甲基十二烷基苄基氯化铵。表面活性剂与次氯酸钠配制的消毒洗涤剂有效氯浓度为 5.5％～5.6％，可杀灭痢疾、大肠杆菌，还可杀灭病毒，如感冒病毒、肝炎病毒等。含次氯酸钠或过氧化物消毒杀菌成分的消毒洗涤剂不得用于洗涤纺织品，否则会使之褪色，并损伤织物纤维。消毒洗涤剂浸渍在纸上，形成消毒杀菌的湿纸巾，用塑料膜封好，可供人们旅行、出差时使用。

10. 地毯清洗剂

居室内的地毯上会有尘土、食物残渣藏于地毯纤维中，这些在纤维之间的污垢难以用吸尘器清除，用地毯清洗剂可以洗涤这些污垢。地毯清洗剂有粉状和液状，粉状洗涤剂的主要成分是表面活性剂和空心微粒硅石或硅胶等，使用时喷洒在地毯上，经刷洗，然后用吸尘器吸净；使用液体洗涤剂时，用机器喷洒洗涤剂，并用机械所带有的刷子刷洗，然后再真空吸干洗涤液。

11. 专业洗涤剂

区别于家用洗涤剂，专业洗涤剂是独立分类，包括公用设施用清洗剂、纺织工业清洗剂、皮革清洗剂、食品工业清洗剂、交通工具清洗剂、金属清洗剂、光学玻璃清洗剂、塑料橡胶清洗剂以及其他工业清洗剂等。工业清洗剂中常用表面活性剂同样包括阳离子表面活性剂、阴离子表面活性剂、两性表面活性剂和非离子表面活性剂。

7.4.3 洗涤剂去污过程

去污过程是一个很复杂的过程，大致包括以下几个步骤（以洗涤衣物为例说明）：脏衣服浸泡在洗涤剂溶液中，洗涤剂中的表面活性剂分子逐渐润湿被洗织物纤维和污垢；表面活性剂分子向织物纤维和污垢之间渗透并被吸附，使纤维与污垢的结合力变弱而松弛；表面活性剂亲油的一端被污垢吸附而被包裹；包裹的污垢借助搅拌机械力或手搓洗力脱离织物纤维被分散到洗涤剂溶液中。

7.5 化妆用化学品

根据 2007 年 8 月 27 日国家质量监督检验检疫总局发布的《化妆品标识管理规定》，化妆品是指以涂抹、喷、洒或者其他类似方法，施于人体（皮肤、毛发、指趾甲、口唇齿等），以达到清洁、保养、美化、修饰和改变外观，或者修正人体气味，保持良好状态为目的的产品。

化妆品可用于对人身体的头发、面部、眼睛、身体皮肤各部位的美容化妆。化妆是装饰的技巧，把人们身体的优势加以发扬，缺陷加以美化，给人们带来美好的容貌和愉悦的心情。化妆品除了具有美化功能外，还有保健治疗功效。

7.5.1 化妆品的发展历史

"爱美之心人皆有之"，人类对美化自身的化妆品自古以来就有不断的追求。化妆品的发展历史大约可分为以下四个阶段。

第一代是使用天然的动植物油脂对皮肤作单纯的物理防护，即直接使用动植物或矿物来源的不经过化学处理的各类油脂。古埃及人 4000 多年前就已在宗教仪式上、干尸保存上以及皇朝贵族个人的护肤和美容上使用了动植物油脂、矿物油和植物花朵。7 世纪至 12 世纪，阿拉伯国家在化妆品生产上取得了重要的成就，其代表是发明了用蒸馏法加工植物花朵，大大提高了香精油的产量和质量。与此同时，我国化妆品也有了长足的发展，在古籍《汉书》中就有画眉、点唇的记载；《齐民要术》中介绍了有丁香芬芳的香粉；我国宋朝韩彦直所著《橘录》

是世界上有关芳香方面较早的专门著作。

第二代是以油和水乳化技术为基础的化妆品。欧洲工业革命后，化学、物理学、生物学和医药学得到了空前的发展，许多新的原料、设备和技术应用于化妆品生产，更由于以后的表面化学、胶体化学、结晶化学、流变学和乳化理论等原理的发展，解决了正确选择乳化剂的关键问题。在这些科学理论指导和以后人们大量的实践中，化妆品生产发生了巨大的变化，从过去原始的初级的小型家庭生产，逐渐发展成为一门新的专业性的科学技术。正是在这个基础上我国化妆品行业才成为目前我国轻工行业中发展最迅猛，最受广大民众欢迎的行业。

第三代是添加各类动植物萃取精华的化妆品。例如，将从皂角、果酸、木瓜等天然植物或者从动物皮肉和内脏中提取的深海鱼蛋白和激素类等精华素加入化妆品中。提取方法中比较先进的有超临界 CO_2 萃取法，提高了有效物质的收率和萃取纯度，使人们始终追求的美白、去粉刺、去斑、去皱等成为可能。

第四代是仿生化妆品，即采用生物技术制造与人体自身结构相仿并具有高亲和力的生物精华物质并复配到化妆品中，以补充、修复和调整细胞因子来达到抗衰老、修复受损皮肤等功效，这类化妆品代表了 21 世纪化妆品的发展方向。这些化妆品以神经酰胺、脱氧核糖核酸和表皮生长因子的参与为代表，使丰胸、瘦身、肌肤某种程度上恢复青春成为可能。

化妆品当今已进入绿色时代，天然组分配制的化妆品大受人们青睐。天然化妆品实际上是一种最古老的化妆品，几千年前人们就用瓜果汁液涂肤抹脸，以保持皮肤细嫩柔软。当时应用的纯系天然原材料，不做任何加工。而目前市面上出售的实为复配型天然化妆品，是通过化工或生物化工技术，把动植物中具有某种生物活性的物质，如可溶性弹力蛋白、肌肽、SOD（superoxide dismutase，超氧化物歧化酶）、果酸、抗坏血酸等，分离提取出来作为基剂或添加剂，辅以其他助剂配制而成。还有一种外观、香气、色泽都十分接近天然原料制品，实际并未使用天然原料的拟天然型化妆品。

7.5.2　化妆品的分类

按产品形态分类，化妆品的基本形态有液态和固态两种。液态化妆品常见的有化妆水、各种乳剂和油剂，它们是以水、油或乙醇配入其他物质制成的，为了促进加入物质的溶解，通常加入助溶剂。固态化妆品最基本的类型是膏类、霜类、粉类、胶冻状、硬膏状（如唇膏）、块状（如粉饼、胭脂、香皂）、锭状和笔状等。下面介绍几种常见的化妆品类型。

（1）膏类化妆品。也称雪花膏，是以油脂、甘油、水、香精为原料，以钾皂为乳化剂，经过乳化使油脂和水形成洁白的乳化体，构成一种非油性的"水包油"型乳剂，能使皮肤不受外界湿度、温度变化影响，从而保护皮肤健康和防止皮肤衰老，适合夏季和油性皮肤者选用。

（2）霜类化妆品。也称冷霜、护肤脂、香脂，为一种"油包水"型乳剂，是保护和滋润皮肤的油性护肤品，能防止皮肤的干燥与冻裂。冷霜起源于希腊，当时用蜂蜡、橄榄油以及玫瑰水溶液等制成，由于乳化不稳定，敷在皮肤上有水分分离出来，水分蒸发时吸热，使皮肤有清凉感觉，故称冷霜。霜类化妆品的特点是含有较多的油脂成分，擦用后乳剂中的水分逐渐挥发，在皮肤上留下一层油脂薄膜，能阻隔皮肤表面与外界干燥、寒冷的空气相接触，保持皮肤的水分，防止皮肤干燥皲裂，具有柔软和滋润皮肤的作用，适合冬季和干性皮肤者使用。

（3）蜜类化妆品。又称奶液，为一种略带油性的半流动状的液态乳剂，大多数属于"水包油"型乳剂。此类化妆品有清洁蜜、润肤蜜、杏仁蜜、柠檬蜜等，主要原料是硬脂酸、单硬脂酸、蜂蜡、十八醇、羊毛脂、甘油、三乙醇胺、水、香精和防腐剂等。皮肤擦抹蜜类化妆品后，随着水分逐渐挥发，在皮肤表面留下一层脂肪物和甘油形成的薄膜，使皮肤表面保持相当的湿润程度，防止皮肤干燥开裂。同时，由于甘油具有吸湿性能，能减缓皮肤水分蒸发，使皮肤表面保持滋润、滑爽，所以一年四季均可使用。

（4）水剂类化妆品。主要有香水、化妆水类制品，主要是以乙醇溶液为基质的透明液体，这类产品必须保持清晰透明，香气纯净无杂味，即使在 5 ℃左右的低温，也不能产生浑浊和沉淀。因此，对这类产品所用原料、包装容器和设备的要求是极严格的。特别是香水用乙醇，不允许含有微量不纯物（如杂醇油等），否则会严重损害香水的香味。包装容器必须是优质的中性玻璃，与内容物不会发生作用。所用色素必须耐光、稳定性好、不会变色，或采用有色玻璃瓶。设备最好用不锈钢或耐酸搪瓷材料。香水、古龙水和花露水用水质，要求采用新鲜蒸馏水或经灭菌的去离子水，不允许有微生物存在。水中的微生物虽然会被加入的乙醇杀灭而沉淀，但此有机物对芳香物质的香气有影响。如果有铁质，则对不饱和芳香物质发生诱导氧化作用，含有铜也是如此。所以需加入柠檬酸钠或 EDTA 等螯合剂，增加防腐作用。较常用的化妆水有润肤化妆水、收敛性美容水、柔软性化妆水等。

7.5.3　常用化妆品的主要功效

常用化妆品按其功效分类有：清洁用化妆品，如香皂、香波、沐浴液、洗面奶、洁肤乳、清洁水、清洁霜、磨面膏等；补充和调整皮脂膜以求保护皮肤的基础化妆品，如各种膏、霜、蜜、脂、粉、露、乳、水、面膜等；造成视觉上的美化的美容化妆品，如腮红、唇膏、粉饼、唇线笔、眉笔、眼影膏（粉）、眼线笔等；香化用化妆品，如花露水、香水、古龙水等；护发、美发用化妆品，使头发保持天然、健康美丽的外观，起修饰和固定发型作用的一类化妆品，如发油、发乳、护发水、摩丝、润发剂、整发剂以及洗发剂、香波等洁发用品，此外还有烫发剂、染发剂等。

1. 面膜

作为一种新型的面部化妆品，面膜的主要作用有四个方面：一是清洁作用，二是减轻皮肤皱纹，三是营养作用，四是对皮肤有漂白和治疗作用。根据面膜的清除方式，可以分为薄膜型面膜和膏状面膜。薄膜型面膜又称剥离型面膜，是成膜后能揭下来的胶膜性面膜，这种面膜具有吸附性，把它涂抹在面部，干后取下时能够去除皮肤表面的角质脱屑与污尘，可使皮肤清洁、润滑、富有弹性，并能防止产生小皱纹。其主成分有甲基纤维素、聚乙烯醇、聚乙烯吡咯烷酮等以及某些营养物质。膏状面膜成膜后不能揭下来，需要用水清洗。这种面膜以它含有的油分和水分滋润皮肤，一般常将营养物或药物研成细粉，加水调成糊状，涂抹在面部。

2. 眼睫毛用化妆品

眼睫毛用化妆品包括睫毛油、睫毛膏、睫毛胶黏剂等。睫毛油用于睫毛颜色增深，形状弯翘，看上去有睫毛增长的效果。主要原料是蜡、高分子树脂及颜料等。睫毛胶黏剂主要用于睫毛短和稀疏时黏结假睫毛，主要成分是黏结剂，如天然橡胶、甲基纤维素等。睫毛膏用于修饰睫毛，从外观上可以分为块状、膏状和油状，比较流行的是膏状。膏状睫毛膏是指油、脂和蜡与水乳化而成的乳状液，然后加入颜料经研磨制成。

3. 眉用化妆品

眉用化妆品主要是眉墨，用它来描画眉毛，修整过的眉毛施以眉墨使眉毛更漂亮。眉笔的主要成分是蜡、油脂、色料和表面活性剂。制作时，首先将油脂、蜡组分混合，熔化后搅拌均匀加入色料、防腐剂，搅拌均匀后成型制成。

4. 唇膏

唇膏用来点敷嘴唇的唇部化妆品，颜色有多种，有明快及暗色色调。唇膏的原料是油脂、蜡、色料和表面活性剂，表面活性剂具有分散、润湿和渗透作用，促进原料均匀分散，还具有滋润皮肤、使膏体稳定的作用。

5. 剃须化妆品

剃须化妆品包括剃须前后所用的化妆品，主要品种有须前水、气雾剂剃须膏和须后水等。须前水和气雾剂是电动剃须前的化妆品，它的成分是乙醇和收敛剂，收敛作用是使皮肤收缩，乙醇脱水使胡须硬直，以便剃须。剃须膏产生润滑，使胡须膨胀，易于手工剃刮，它的主要成分是油脂、水和表面活性剂及其他添加剂，一般制成"水包油"型乳液。须后水是在剃须洗净后使用，它的作用是消除剃须后对皮肤的刺激感，并有凉爽、消毒和消炎作用，主要成分是药用植物的萃取液，配以乙醇、丙二醇等溶剂。

6. 发乳

发乳是一般洗头都会用到的护发用品，是一种乳化型膏乳状的护发用品。它具有良好的护发和固定发型的作用。使用后头发柔软、润滑，而且有天然光泽、随意成型、对头皮无刺激。发乳根据不同工艺可以分为两种类型，一种是"水包油"型发乳，另一种是"油包水"型发乳。"水包油"型发乳水含量高，使头发光亮而不油腻，可保持头发水分，定型性好。"油包水"型发乳油含量高，施于头发上光亮持久，略有油腻感，头发成型效果差。选择哪种类型主要依据发质，干性发质选用"油包水"型发乳，油性发质则选用"水包油"型发乳。

7. 护发水

护发水的作用是防止脱发，促进头发生长，对头发起调理作用。护发水中含有一定量的乙醇，可适度地刺激头皮增强血液循环。为了轻微刺激头皮，也常加入"刺激剂"，如奎宁及其盐类、芸香碱及其盐酸盐等。护发水中常用的添加剂有水杨酸和间苯二酚，它的作用是去除头皮屑和止痒。此外，还有具有生发功效的辣椒酊、生姜酊、何首乌、侧柏叶、白藓皮、茜草科生物碱等。生发剂中还常添加雌激素，它能使头皮血管扩张，促进头发生长。杀菌剂以及保湿剂如甘油、丙二醇、山梨醇等也是常用的添加物质。

8. 染发用品

将头发染成黑色、棕色等颜色或将头发漂白等都称为染发。染发用品根据原料来源可分为植物染发剂、矿物染发剂和合成染发剂。根据不同的染发原理，可分为暂时性染发剂和永久性染发剂。

暂时性染发剂是一种只需要用香波洗涤一次就可除去在头发上着色的染发剂。这种染发剂一般由水溶性酸、碱性染料或颜料组成，它们具有很大的相对分子质量，基本上附着在头发的表面，也可由酸性染料、氨水或金属盐组成不溶性的混合物，很容易用香波和水洗掉，便于重复染色或随意改变发色。由于这一类染料的相对分子质量大，不能通过表皮进入发干，只是沉积在头发表面上，形成着色覆盖层，所以很少损伤发质，也不易透过皮肤。半永久性染发剂一般是指能耐6~12次香波洗涤才退色，半永久性染发剂涂于头发上，停留20~30 min后，用水冲洗，即可使头发上色。

持久性染发剂是目前普遍使用的一种染发剂，由于它主要是使用因氧化而染色的染料，所以又称氧化型染发剂。此外，因为这种染发剂最常用的是合成有机色素染料，所以常简称为合成染发剂。目前这种产品在染发剂市场上占据很大的比重。这种染发剂不仅是对头发表面的遮盖，而且染料深入头发内层，它的主要代表物为对苯二胺和对苯二酚及其衍生物，在过氧化氢的作用下缩合反应形成具有共轭双键结构的聚合体。原料结构不同会形成不同结构的聚合体，呈现不同的颜色，如黄、黑、红等。由于染料大分子是在头发纤维内通过染料中间体和偶合剂小分子反应生成，因此，在洗涤时，形成的染料大分子不容易通过毛发纤维的孔径被冲洗。为了使染发效果好，染发剂中常加入表面活性剂，其作用是湿润、渗透、匀染。染发剂是用两个管包装的，其中一管为染料，另一管为氧化剂，使用时混合。

9. 烫发用品

烫发用品主要包括断裂剂、湿润剂、络合剂和中和剂。断裂剂使头发中的二硫键断裂，断裂剂中加入碱性物质，主要起软化效果。湿润剂有湿润渗透作用，促进断裂剂对头发的渗透。络合剂可防止金属离子对断裂剂反应，蛋白质和硅油保护头发。中和剂使断裂的二硫键重新恢复，使卷曲形状固定，中和剂中有氧化剂、有机酸湿润剂、遮光剂等。常见的烫发剂中，断裂剂为巯基乙酸盐，辅以氨水碱性物质。中和剂常用过氧化氢等。烫发用品还可加入调理剂和营养剂，以提高烫发剂的质量。

10. 防晒化妆品

防晒化妆品是防止皮肤晒伤的化妆品。皮肤在日光中紫外线的照射下易被灼伤，使细胞的新陈代谢发生障碍；使细胞老化、退化，纤维细胞转变，斑马体增多，血管细胞受损，免疫系统转变。防晒化妆品的主要成分是防晒剂、油脂、蜡、表面活性剂，最主要的是防晒剂。紫外线吸收剂作为防晒剂，它的作用是吸收一定波长的紫外线，把它转化为无害的辐射热。要求紫外线吸收剂的稳定性好，无色无臭，低毒或无毒，对皮肤无刺激。除了加入紫外线吸收剂外，有的配方中加入二氧化钛、油脂和蜡，它们在皮肤上形成防晒膜，也可以防止紫外线的伤害。防晒霜分为物理防晒和化学防晒两种，物理防晒利用物理学原理，当在脸上涂开防晒霜时，就像镜子一样反射阳光，达到防晒的目的，二氧化钛和氧化锌就属于物理性防晒成分；化学防晒就是用化学成分来防晒，这种防晒霜是一种透光物质，可吸收紫外线，使紫外线转化为分子振动能或热能。理论上，物理防晒要好于化学防晒，但是目前市面上大多是化学防晒的防晒霜。

11. 卸妆用品

卸妆用品有卸妆水、卸妆膏、卸妆油，针对不同的化妆品用不同的卸妆剂。卸妆水主要原料是表面活性剂，含量为 5% 左右，还有溶剂、保湿剂和香料等。卸妆膏是一种"水包油"的膏状物，将矿物油、羊毛醇、乙酰羊毛酯等油相物加热熔化，然后加入乳化剂和水相混合物，搅拌乳化而成。它的卸妆效果好，不刺激皮肤，不使皮肤发紧。卸妆油其实是一种加了乳化剂的油脂，可以轻易与脸上的彩妆油污融合，再通过水乳化的方式，冲洗时可将脸上的污垢带走。卸妆油和脸上的彩妆油的反应就是酸碱中和反应。

7.5.4 化妆品的发展趋势

高科技发展是永无止境的，同样化妆品行业的发展也不会停止。今天，纳米技术已经广泛应用于各行各业，给传统的一些行业带来焕然一新的改革和不一样的业绩，成为人们广泛关注的焦点之一。纳米技术将为美容化妆品行业带来哪些改变呢？据了解，紫外线防护剂产品原料就是利用通过纳米技术制得的硅及硅化合物（如 SiO_2），其光吸收系数比普通的可增大几十倍。不仅如此，现在人们还可研究开发出具有特殊功能的防晒化妆品。又如，化妆品界热衷于使用 SOD 抗衰老，可是 SOD 本身难以让皮肤吸收，用纳米技术已经使这个问题得到圆满解决。用纳米技术加工中草药，能使某些中草药中的有效成分产生意想不到的治疗效果，有报道称用纳米技术使中药花粉破壁后，不仅皮肤吸收好，而且其保健功效大大增加。

思 考 题

1. 你如何自觉地利用化学知识来指导自己的日常生活？
2. 你了解日常饮食中各种食物的化学成分吗？
3. 肥皂和蔬菜水果清洗剂的组成是否相同？
4. 选择化妆品时，你是否会关注其化学组成？

第 8 章　化学与环境

8.1　概　述

众所周知，人类的生活不仅处于身边环境之中，也处于国家和全球之中，在一定意义上来讲，人们都是处于地球村之中。任何环境变化都会直接或间接地影响人类，反之，无论是社会的哪一个层次，无论是个人或集体，都对周围的环境负有责任。

化学知识和化学技术可以帮助我们认识和解决环境问题。

8.1.1　环境的概念

人类所处的环境分为自然环境和社会环境。自然环境包括大气环境、水环境、生态环境、地质和土壤环境以及其他自然环境。社会环境包括居住环境、生产环境、交通环境、文化环境和其他社会环境。

简单地说，所谓环境，即每个人在日常生活中面对的一切。身处的空间提供呼吸所需要的空气，江河湖泊或地下水成为可供饮用的淡水。食用的瓜菜果粮从土地中生长出来。仔细想想每天从早到晚的生活，从起床、洗漱、早餐、上班、工作、下班、买菜、做饭、刷碗、洗衣，到看电视、看书、睡觉，消耗的有水、电、煤（或天然气、柴火）、汽油、食物及洗涤用品等；使用的有棉制品（如床单、衣服）、木制品（如家具）、金属制品（如菜刀）、玻璃制品（如杯子）、石油制品（如塑料）、黏土制品（如住房用砖），甚至生活用品（如中草药）等。这些习以为常的生活用品都是用大自然中的原料如动植物、矿物等制成的。在生产、加工过程中，往往还需要耗用大量淡水和煤炭、石油等能源。人们靠环境供给的一切生活着。一旦大自然停止了原料的供给，人们的生活就会变得十分困难，人类就会失去生存条件，所以说"破坏环境就是破坏人类自身的生存基础"。

《中华人民共和国环境保护法》第2条给环境所下的定义为："本法所称的环境，是指影响人类生存和发展的各种天然的和经过人工改造的自然因素的总体，包括大气、水、海洋、土地、矿藏、森林、草原、野生生物、自然遗迹、人文遗迹、自然保护区、风景名胜区、城市和乡村等。"这一定义把环境分为两大类：一类是"天然的自然因素总体"，也就是人们通常所说的自然环境，其特点是天然形成，无人工干预；另一类是"经过人工改造的自然因素总体"，即在天然的自然因素基础上，人类经过有意识地劳动而构造出的有别于原有自然环境的新环境，如人文遗迹、风景名胜区、城市和乡村等。我国《环境保护法》对这两类环境均予以保护。

8.1.2　环境问题

概括地说，环境问题是指全球环境或区域环境中出现的不利于人类生存和发展的各种现象。环境问题是目前人类面临的几个主要问题之一。

谈起环境问题，人们常要提及发生在 20 世纪 30～60 年代的"八大公害事件"，事件发生的主要情况如表 8.1 所示。

表 8.1　"八大公害事件"情况简介

名　称	时　间	污染物	产生后果
比利时马斯河谷事件	1930 年 12 月 1～5 日	SO_2、SO_3 及粉尘	致 60 多人死亡、几千人患呼吸道疾病，并致许多家畜死亡
美国多诺拉事件	1948 年 10 月 26～31 日	SO_2 及粉尘	4 天内致近 6000 人患病（占全镇人口的 43%），死亡 17 人
美国洛杉矶光化学烟雾事件	20 世代 40 年代	石油烃、CO、NO_x、Pb，并致光化学烟雾	市民普遍感到眼、喉、鼻严重不适，头痛，某日死亡近 400 人
英国伦敦烟雾事件	1952 年 12 月 5～8 日	SO_2 及煤烟和氧化铁粉尘、大雾	市民普遍感到胸闷气促、咳嗽喉痛，相继约 12 000 人死亡
日本四日市哮喘病事件	20 世代 60 年代	SO_2 及铅、锰、钴等重金属粉尘，硫酸烟雾	短时间内导致很多市民患支气管炎、支气管哮喘及肺气肿，统称"哮喘病"，相继致 6000 多人患病，多人不堪忍受痛苦自杀或死亡
日本水俣病事件	1953～1956 年	含 Hg^{2+} 废水	人食用鱼后受害，致神经系统疾病，20 000 多人受害，110 多人死亡
日本痛痛病事件	1955～1972 年	含 Cd^{2+} 废水	食用稻米中毒，致神经痛、骨痛，病人异常痛苦，180 人中毒，34 人死亡
日本米糠油事件	1968 年 3 月	多氯联苯混入米糠油中	致 13 000 多人中毒，16 人死亡，几十万只鸡死亡

现在来看，上述事件在世界各地不是最严重的，后来相继发生了多起更为严重的污染突发事件，如 1984 年印度博帕尔农药泄漏事件、1986 年乌克兰切尔诺贝利核电站事故、2005 年我国松花江双苯水污染事件、2010 年美国墨西哥湾漏油事件等。但这些事件在当时引起了人们的高度关注和讨论，引发了对

环境问题的思考，对环境学科的建立、发展及环境保护的推动起到了重要的作用。

环境问题是多方面的，但大致可分为两类：原生环境问题和次生环境问题。由自然力引起的为原生环境问题，也称第一环境问题，如火山喷发、地震、洪涝、干旱、滑坡等引起的环境问题。由于人类的生产和生活活动引起生态系统破坏和环境污染，反过来又威胁人类自身的生存和发展的现象称为次生环境问题，也称第二环境问题。次生环境问题包括生态破坏、环境污染和资源浪费等方面。上述"八大公害事件"属于次生环境问题。

20 世纪中叶以后，伴随科学技术的飞速发展和世界经济的迅速增长，环境问题也逐渐从地区性问题发展成波及世界各国的全球性问题，出现了一系列引起国际社会关注的热点问题，如气候变化、臭氧层破坏、森林破坏与生物多样性减少、大气及酸雨污染、土地荒漠化、国际水域与海洋污染、有毒化学品污染和有害废物越境转移等。围绕这些问题，国际社会在经济、政治、科技、贸易等方面形成了广泛的合作关系，并建立起了一个庞大的国际环境条约体系，正在越来越大地影响着全球经济、政治和科技的未来走向。

专门致力于国际环境事业解决和发展的著名国际组织主要有以下三个：

（1）联合国环境组织（United Nations Environment Organisation，UNEO）。包括环境规划理事会、环境基金会、环境协调委员会和环境规划署四个分支机构。

（2）全球环境监测系统（Global Environment Monitoring System，GEMS）。主要负责系统地收集、分析和评价环境状况变化的数据和变化趋势。

（3）国际绿色和平组织（Green Peace International，GPI）。GPI 为国际性的非政府组织，以环保工作为主，总部设在荷兰的阿姆斯特丹。绿色和平组织宣称自己的使命是："保护地球、环境及其各种生物的安全及持续性发展，并以行动作出积极的改变。"无论在科研或科技发明方面，绿色和平组织都提倡有利于环境保护的解决办法。对于有违以上原则的行为，绿色和平组织都会尽力阻止。其宗旨是促进实现更为绿色、和平和可持续发展的未来。

8.2 环境污染与环境变化

环境污染是指人类活动的副产品和废弃物进入物理环境后，对生态系统产生的一系列扰乱和侵害，特别是当由此引起的环境质量的恶化反过来又影响人类的生活质量。环境污染不仅包括物质造成的直接污染，如工业"三废"和生活"三废"；也包括由物质的物理性质和运动性质引起的污染，如热污染、噪声污染、电磁污染和放射性污染。由环境污染还会衍生出许多环境变化（或环境效应），如二氧化硫造成的大气污染，除了使大气环境质量下降，甚至还会造成酸雨；氮氧化物除污染大气外，还会导致酸雨、温室效应及臭氧损耗。

8.2.1　空气污染

图 8.1 示出了低层大气中各大气层的名称和不同高度的参考点。通常说的空气是指紧邻地表的大气层。大气是一种混合物，它的组分包括恒定的、可变的和不定的。恒定的组分是指氧气、氮气和氩气（也包含少量其他稀有气体），其体

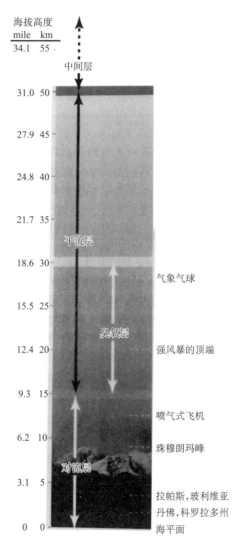

图 8.1　低层大气的分区

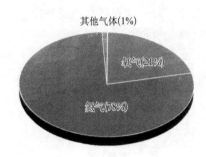

图 8.2　空气的体积组成

积组成如图 8.2 所示。可变成分是指二氧化碳和水蒸气。水蒸气在空气中的浓度变化很大，在干燥的沙漠空气中，水蒸气的含量可能接近零，而在热带雨林中可以达到 5％。由于空气中水蒸气含量很大，所以专门用湿度来表示其含量大小，而空气的组成成分表中列出的通常是空气湿度为零时的数据。如果呼吸的是这样的空气，那就是"洁净"而无污染的空气。事实上，随着工业的发展和人类活动的增强，空气中常含有一些会对人们的健康或动植物造成不同程度危害的污染物。从健康的角度看，人们重点关注以下几种有害物质：一氧化碳（CO）、二氧化硫（SO_2）、氮氧化物（NO_x）、臭氧（O_3）、可吸入颗粒物（PM_{10} 和 $PM_{2.5}$）及挥发性有机化合物（VOCs）。

（1）一氧化碳。它是一个"寂静杀手"，一旦达到肺部，就会进入血液循环，阻碍氧气向全身的输运。当浓度较低时，人会出现头晕、头痛、恶心等症状；达到一定的浓度或时间，会导致人死亡，尤其是在密闭的空间中。

（2）二氧化硫。为呼吸道刺激物，会影响人的呼吸并降低人对呼吸道感染的抵抗能力。易感人群为老年人、幼童及患有肺部疾病的患者。典型的实例是 1952 年 12 月发生的伦敦烟雾事件，持续 5 天的大雾导致了约 4000 人死亡。

（3）氮氧化物。其对健康的危害与二氧化硫相似。

（4）臭氧。是氧的同素异形体，具有强烈的特征气味，在复印机、变压器、电机和焊枪附近经常可以闻到它的气味。与氧气不同的是，臭氧是有毒的，在浓度较低时也会损害呼吸道功能，如造成胸痛、咳嗽、打喷嚏、肺水肿。虽然在高空中的平流层臭氧是必不可少的，但在地球表面它是一种有害物质。

（5）可吸入颗粒物。这不是指一种化合物，而是包括空气中各种微小固体和液体颗粒物。一些颗粒物是可见的，如灰和烟；一些极微小的颗粒物则是无法用肉眼观察到的，如直径为 10 μm 和 2.5 μm 以下的颗粒物（分别表示为 PM_{10} 和 $PM_{2.5}$），这些颗粒物对健康的危害往往更大。研究发现，吸入颗粒物不仅危害肺部，而且与心脏病发作密切相关。

因此，为了评估和更好地了解空气受污染的状况，国际上通常采用空气污染指数（air pollution index，API）来评价空气质量。它是将一系列的空气质量数据按统一规定的计量方法处理后，变成一种简洁而易被民众理解和掌握的表达形式。国家环境保护部和国家气象局每日播报全国主要城市的空气质量预报或日报，给出空气污染指数、首要污染物和质量级别等信息。表 8.2 是国家气象局 2010 年 8 月 6 日公布的全国重点城市空气质量预报结果，图 8.3 是国家环境保

表 8.2　国家气象局 2010 年 8 月 6 日重点城市空气质量预报

城　市	API	主要污染物	空气等级	空气质量
北京	30～50	无	I	优
天津	66～86	可吸入颗粒物	II	良
石家庄	30～50	无	I	优
秦皇岛	30～50	无	I	优
太原	30～50	无	I	优
呼和浩特	30～50	无	I	优
沈阳	51～71	可吸入颗粒物	II	良
大连	30～50	无	I	优
长春	51～71	可吸入颗粒物	II	良
哈尔滨	59～79	可吸入颗粒物	II	良
上海	30～50	无	I	优
南京	58～78	可吸入颗粒物	II	良
苏州	51～71	可吸入颗粒物	II	良
南通	56～76	可吸入颗粒物	II	良
连云港	51～71	可吸入颗粒物	II	良
杭州	65～85	可吸入颗粒物	II	良
宁波	59～79	可吸入颗粒物	II	良
温州	51～71	可吸入颗粒物	II	良
合肥	59～79	可吸入颗粒物	II	良
福州	51～71	可吸入颗粒物	II	良
厦门	51～71	可吸入颗粒物	II	良
南昌	63～83	可吸入颗粒物	II	良
济南	64～84	可吸入颗粒物	II	良
青岛	51～71	可吸入颗粒物	II	良
烟台	30～50	无	I	优
郑州	55～75	可吸入颗粒物	II	良
武汉	63～83	可吸入颗粒物	II	良
长沙	58～78	可吸入颗粒物	II	良
广州	56～76	可吸入颗粒物	II	良
深圳	30～50	无	I	优
珠海	30～50	无	I	优
汕头	55～75	可吸入颗粒物	II	良

城　市	API	主要污染物	空气等级	空气质量
湛江	30～50	无	I	优
南宁	30～50	无	I	优
桂林	54～74	可吸入颗粒物	II	良
北海	17～37	无	I	优
海口	23～43	无	I	优
重庆	30～50	无	I	优
成都	30～50	无	I	优
贵阳	59～79	可吸入颗粒物	II	良
昆明	30～50	无	I	优
拉萨	20～40	无	I	优
西安	68～88	可吸入颗粒物	II	良
兰州	51～71	可吸入颗粒物	II	良
西宁	54～74	可吸入颗粒物	II	良
银川	51～71	可吸入颗粒物	II	良
乌鲁木齐	77～97	可吸入颗粒物	II	良

注：每日情况可参见 http：//www.cma.gov.cn/tqyb/v2/product/environment_yb.php。

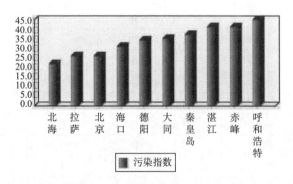

图 8.3　2010 年 8 月 6 日重点城市空气质量预报前十名

（每日情况可参见 http：//datacenter.mep.gov.cn）

护部 2010 年 8 月 6 日公布的全国重点城市空气质量预报结果的前十名城市。

　　我国将空气质量划分为五级：

　　（1）API 为 0～50 时，空气质量为一级，空气质量优。

　　（2）API 为 51～100 时，空气质量为二级，空气质量良。

（3）API 为 101～200 时，空气质量为三级，属轻度污染。

（4）API 为 201～300 时，空气质量为四级，属中度污染。

（5）API 大于 300 时，空气质量为五级，属重度污染。

空气质量属轻度污染时，病患者有感觉；空气质量属中度污染时，对敏感体质人群有明显的影响，一般人群中可能出现不适，发生气喘、咳嗽、多痰等症状；空气质量属重度污染时，健康人群也会出现明显症状，运动耐受力降低，并可能导致提前出现某些疾病。

下面关注上述主要空气污染物的来源。

（1）燃煤。在中国、美国等多数国家，燃煤是电力的主要来源。煤的主要组成元素是碳和氢，也含有少量的其他元素，与本章讨论内容有关的一点是，大多数煤都含有 1‰～3‰ 的硫和岩石类矿物。当煤燃烧时，硫被氧化为二氧化硫，矿石转化为粉尘颗粒物。若不除去，二氧化硫和颗粒物将直接通过烟囱排入大气环境。据国家统计局发布的数据，2007 年我国煤炭消费量约为 25.8 亿 t。据此估算，若不加处理，将会有上千万吨的二氧化硫和粉尘排放出来。

（2）机动车尾气。据报道，2009 年世界上汽车保有量最多的 3 个国家是：美国 2.46 亿辆，日本 7500 万辆，中国 6300 万辆。由于我国汽车保有量增速很快，预计到 2011 年将会超过日本，成为世界第二，并且估计当汽车保有量增加到 4.9 亿辆时需求才会稳定。目前，汽车的动力主要是汽油或柴油，它们都是烃类的混合物。若处理不达标，从排气管排放出大量二氧化碳和水，此外还会排放一氧化碳、氮氧化物、VOCs、臭氧以及其他若干有害的物质。令人高兴的是，目前人们通过使用"三元催化剂"大大减少了这种排放。

（3）其他来源。例如，从硫化物矿石冶炼银和铜的过程发生下列反应：

$$Ag_2S + O_2 \longrightarrow 2Ag + SO_2$$
$$CuS + O_2 \longrightarrow Cu + SO_2$$

严重的森林大火会产生大量的一氧化碳，建筑涂装及室内装修会排放 VOCs 和氨、氡（一种放射性污染物，长期吸入会导致肺癌）。吸烟，特别是室内吸烟会产生 1000 多种化学物质，如尼古丁。现在市场上有专门提供室内空气检测的服务机构，有的销售便携式 CO 测量计，有的销售家用氡检测包（图 8.4），由此可见社会对空气污染的关注。

空气污染主要发生在城市，随着城镇化的发展，我国将有更多的人进入城市生活。其中很多城市在某段时间内未能达到国家空气质量标准。尽管近年来空气质量已有较大好转，但仍存在一些问题，特别是氮氧化物、二氧化硫和臭氧毒性大，而可吸入颗粒物在许多城市都是经常出现的主要污染物。

下面摘录国家环境保护部发布的《2009 年中国环境状况公报》中"大气环

图 8.4　氡检测包

境"部分，可了解我国最近大气环境状况的实际情况[①]。

1）状况

全国城市空气质量总体良好，比上年有所提高，但部分城市污染仍较重；全国酸雨分布区域保持稳定，但酸雨污染仍较重。

2）空气质量

2009 年，全国 612 个城市开展了环境空气质量监测，其中达到一级标准的城市 26 个（占 4.2%），达到二级标准的城市 479 个（占 78.3%），达到三级标准的城市 99 个（占 16.2%），劣于三级标准的城市 8 个（占 1.3%）。全国地级及以上城市环境空气质量的达标比例为 79.6%，县级城市的达标比例为 85.6%。

地级及以上城市（含地、州、盟首府所在地）空气质量达到国家一级标准的城市占 3.7%，二级标准的占 75.9%，三级标准的占 18.8%，劣于三级标准的占 1.6%。

可吸入颗粒物年均浓度达到或优于二级标准的城市占 84.3%，劣于三级标准的占 0.3%（图 8.5）。

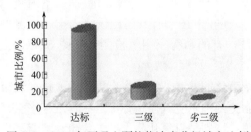

图 8.5　2009 年可吸入颗粒物浓度分级城市比例

二氧化硫年均浓度达到或优于二级标准的城市占 91.6%，无劣于三级标准的城市（图 8.6）。

所有地级及以上城市二氧化氮年均浓度均达到二级标准，86.9% 的城市达到一级标准。

113 个环境保护重点城市空气质

①　引自：http://jcs.mep.gov.cn/hjzl/zkgb/2009hjzkgb/201006/t20100603_190429.htm。

量有所提高，空气质量达到一级标准的城市占 0.9%，达到二级标准的占 66.4%，达到三级标准的占 32.7%（图 8.7）。与上年相比，达标城市比例上升了 9.8 个百分点。

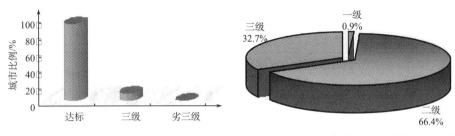

图 8.6　2009 年二氧化硫浓度分级城市比例　　图 8.7　2009 年重点城市空气质量级别比例

2009 年，环境保护重点城市总体平均的二氧化氮浓度与上年相比持平，二氧化硫和可吸入颗粒物浓度均略有降低。

3）酸雨

（1）酸雨频率。监测的 488 个城市（县）中，出现酸雨的城市 258 个，占 52.9%；酸雨发生频率在 25% 以上的城市 164 个，占 33.6%；酸雨发生频率在 75% 以上的城市 53 个，占 10.9%（表 8.3）。

表 8.3　2009 年全国酸雨发生频率分段统计

酸雨发生频率	0	0～25%	25%～50%	50%～75%	≥75%
城市数/个	230	94	62	49	53
所占比例/%	47.1	19.3	12.7	10	10.9

（2）降水酸度。与上年相比，发生较重酸雨（降水 pH<5.0）的城市比例降低 2.8 个百分点，发生重酸雨（降水 pH<4.5）的城市比例降低 0.8 个百分点（表 8.4）。

表 8.4　2009 年全国降水 pH 年均值统计

年均 pH	<4.5	4.5～5.0	5.0～5.6	5.6～7.0	≥7.0
城市数/个	39	65	85	217	82
所占比例/%	8	13.3	17.4	44.5	16.8

（3）酸雨分布。全国酸雨分布区域主要集中在长江以南—青藏高原以东地区。主要包括浙江、江西、湖南、福建、重庆的大部分地区以及长江、珠江三角洲地区。酸雨发生面积约 120 万 km²，重酸雨发生面积约 6 万 km²。与上年相

比，酸雨区域分布格局未发生明显变化。

4）废气中主要污染物排放量

2009 年，二氧化硫排放量为 2214.4 万 t，烟尘排放量为 847.2 万 t，工业粉尘排放量为 523.6 万 t，分别比上年下降 4.6%、6.0%、10.5%（表 8.5）。

表 8.5　全国废气中主要污染物排放量年际变化

年度	二氧化硫排放量/万 t			烟尘排放量/万 t			工业粉尘排放量/万 t
	合计	工业	生活	合计	工业	生活	
2006	2588.8	2234.8	354.0	1088.8	864.5	224.3	808.4
2007	2468.1	2140.0	328.1	986.6	771.1	215.5	698.7
2008	2321.2	1991.3	329.9	901.6	670.7	230.9	584.9
2009	2214.4	1866.1	348.3	847.2	603.9	243.3	523.6

权衡保护公众健康、发展经济等方面的问题，我们面临着艰难的政治和经济抉择：究竟应该及愿意花多大的代价去清洁空气？这必须科学地评估风险和承载力。毫无疑问，在清楚污染物及毒性、找出污染源、制定环境空气质量标准、污染物分析检测、进行风险和承载力评估等方面的工作都需要化学工作者的参与。

8.2.2　臭氧损耗

臭氧损耗即臭氧层破坏，是近几十年来备受政府、科学界和公众关注的全球环境问题之一。要认识这个问题，需要从太阳紫外线辐射及其危害谈起。紫外线是电磁波谱中波长为 0.01～0.40 μm 辐射的总称。阳光中有大量的紫外线，紫外线按其波长可分为三个部分：UV-A，波长为 0.32～0.40 μm，A 紫外线对人类的影响表现在对合成维生素 D 有促进作用，但过量的 A 紫外线照射会引起光致凝结，抑制免疫系统功能，太少或缺乏 A 紫外线照射又容易患红斑病和白内障；UV-B，波长为 0.2～0.32 μm，B 紫外线对人类的影响表现在使皮肤变红和短期内降低维生素 D 的生成，长期接受可能导致皮肤癌、白内障及抑制免疫系统功能；UV-C，波长为 0.01～0.28 μm，C 紫外线几乎都被臭氧层所吸收，对人类影响不大。紫外线对人类的影响主要表现为 A 紫外线和 B 紫外线的综合作用。光的波长越短，其辐射能量越高，与物质之间的相互作用越强。紫外线辐射可以破坏生命体系的正常细胞，并可能造成基因缺陷和癌症。有资料报道，皮肤癌的发生率，在澳大利亚是 10 万人中有 800 人，在美国是 10 万人中有 250 人，在日本据估计目前是 10 万人中有 5 人。日本的环境和医学专家警告人们，或许不久，日本也会达到欧美和澳大利亚这样高的皮肤癌发生率。在我国，虽然到目前为止还没有皮肤癌发生率的确切估计和报道，但是，国外的经验和教训告诉我们，对此必须给予充分重视。此外，紫外线辐射还会加速各种有机和无机材料的化学分解和老化；海洋中的浮游生物也会因紫外线的照射而使生长受到影响甚至死亡；紫外线辐射对包括人在内的各种动植物的生理和生长、发育带来严重危害和影响，进而破坏生态平衡。

　　化学家研究证明，在平流层中氧和臭氧分子在紫外线的作用下发生 4 个基元反应，并构成一个稳态循环，称为查普曼循环，如图 8.8 所示。该臭氧反应机理由查普曼（S. Chapman）于 1920 年首先提出。正是通过这个循环过程，臭氧能吸收有害的太阳紫外线辐射，阻止过量的有害紫外线辐射到达地面，给地球提供防护紫外线的屏蔽，并将能量储存在上层大气，起到调节气候的作用。同时，在特定条件下臭氧保持一个稳态的浓度。

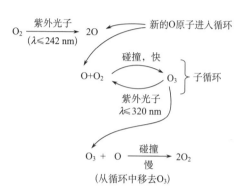

图 8.8　O_3 的查普曼循环

　　正是逐步认识到了臭氧的重要性，多年来人们对臭氧的物理与性质、效应进行了大量的研究。1920 年牛津大学科学家多布森（G. M. B. Dubson）发明了第一台定量测量大气臭氧总量的仪器，测量结果的单位就以他的名字来命名（多布森，DU，相当于每 10 亿个空气分子中有 1 个臭氧分子）。后来经过改进和发展，目前可以使用地面观测、气象气球、高空飞行器和卫星进行持续监测。20 世纪 70 年代以来，人们长期进行臭氧的测定，我国也不例外。研究表明，尽管程度不同，但在世界各地平流层臭氧的平均浓度在过去 30～40 年都明显下降。英国科学家通过观测首先发现，在地球南极上空的大气层中，臭氧的含量开始逐渐减少，尤其在每年的 9～10 月（这时相当于南半球的春季）减少更为明显。美国的"云雨 7 号"卫星进一步探测表明，臭氧减少的区域位于南极上空，呈椭圆形，1985 年已和美国整个国土面积相似。这一切就好像天空塌陷了一块，科学家把这个现象称为南极臭氧洞。图 8.9 为 1980～2003 年南极附近平流层臭氧最低含量的变化。现在把臭氧水平低于 220 DU 的区域定义为"臭氧空洞"。最低值出现在 1994 年 9 月底。南极臭氧洞的发现使人们深感不安，它表明包围在地球外的臭氧层已经处于危机之中。于是科学家在南极设立了研究中心，进一步研究臭氧层的破坏情况。1989 年科学家又赴北极进行考察研究，结果发现北极上空的臭氧层也已遭到严重破坏，但程度比南极要轻一些。需要注意的是，平流层臭氧的浓度在全球并不是均匀分布的，它随地理位置、季节、太阳黑子的活动等自然环境因素而变，如水蒸气及其裂解产物、自然产生的 NO（由闪电产生）会影响臭氧。

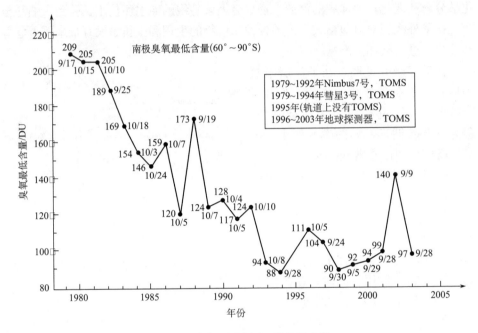

图 8.9　南极平流层 O_3 的最低含量

　　除了自然因素以外，已经证实，人类活动产生的某些气体对臭氧层破坏负有责任。1973 年，F. S. Rowland（加州大学欧文分校教授）和 M. Molina（前者的博士后）出于好奇开始研究平流层氯氟烃〔CFCs，主要是 CCl_2F_2（CFC-12）和 CCl_3F（CFC-11）两种商品〕分子的反应机理。考虑到当海拔增加时氧和臭氧的浓度下降，UV 辐射强度增加，他们推测，在平流层短波长的紫外线可以打断碳-氯键产生氯原子自由基，氯原子自由基可能进一步引发破坏臭氧分子的链反应。这一研究成果发表在 1974 年的 *Nature* 杂志上，后来这一假说又进一步得到了 P. Crutzen 等的实验研究证实。也就是说，F. S. Rowland、M. Molina 和 P. Crutzen 等科学家通过研究发现，氯氟烃是破坏平流层臭氧的化学元凶，并揭示了它们破坏臭氧层的反应机理。由于这项研究，他们于 1995 年分享了诺贝尔化学奖。CFC-12 在 20 世纪 30 年代被开发出来，用做制冷剂，在当时受到热烈欢迎，并且被视为化学的重大成功，因为这种合成物质在当时取代了氨和二氧化硫这两种有毒和腐蚀性的制冷剂。CFC-12 沸点合适、无毒、不燃烧、化学性质稳定，被视为在消费者安全和环境保护方面的一项重要进展。由于 CFC-12 具有优良的性质，后期开发了系列产品 CFCs，并获得了更广泛的应用，如气溶胶喷雾剂、制造泡沫塑料的充气气体、油脂的溶剂、外科手术的消毒剂、泡沫灭火剂（哈龙）。到 1985 年，CFC-11 和 CFC-12 的全球年总产量达到 85 万 t，在使用过程中通过泄漏或挥发不可避免地进入了大气。但正是这类物质的化学惰性，却使它对环境造成了威胁，这是化学物质由优势变为劣势的典型实例。

一个令人感兴趣的问题是，为什么最严重的臭氧损耗发生在南极而不是较发达的北半球呢？目前认为，主要是受全球风循环的驱动，CFCs 在低纬度地区的相对浓度要高，并且温度更低，平流层出现更多的冰晶，成为化学反应发生的表面。

清楚了这些问题，世界各国合作采取了一系列响应行动，合作开展保护臭氧层的研究及采取保护臭氧层的行动，其中最突出的是 1987 年签署了"蒙特利尔议定书"。它规定无论各国的国内经济基本需求如何，CFCs 和其他全卤代CFCs 的生产于 2010 年全面停止。即使针对四氯化碳（CCl_4）和农用熏蒸剂溴代甲烷（CH_3Br），也规定发达国家于 2005 年、发展中国家于 2015 年要停止使用。

展望未来，作为化学家，一方面要进一步研究如何消除已经排放的 CFCs 及其所产生的氯原子自由基；另一方面，寻找或合成 CFCs 的替代品，如考虑合成全氟代烃（无毒、不可燃、不能辐射分解，较理想）。目前允许使用 HCFC［如 $CHClF_2$（HCFC-22）］，因为它破坏臭氧的能力约为 CFC-12 的 5%，在大气中的寿命仅为 20 年。另据报道，美国 Pyrocool Technologies 公司开发出了哈龙替代泡沫灭火产品 Pyrocool FEF，于 1998 年获美国总统绿色化学挑战奖，该产品在 2001 年 9 月 11 日扑灭纽约世界贸易中心遭恐怖袭击的大火中发挥了效力，是一个比较成功的替代 CFCs 的案例。

从上述的描述可知，臭氧损耗总是与太阳紫外线辐射危害相联系的。例如，统计得出，平流层臭氧每下降 6% 导致皮肤癌发病率上升 12%。近年来，许多国家皮肤癌的发病率都上升了。调查表明，这与所处地理位置是否受到更强的紫外线辐射有关，与人的肤色有关，也与当地人们的户外活动情况有关。例如，美国的佛蒙特州是美国黑色素瘤发病率最高的，经调查发现当地人喜欢日光浴活动。为了提示人们注意这种紫外线辐射危害，许多国家都发布"紫外线指数"预报或相关的"防晒指数"预报。紫外线指数是指当太阳在天空中的位置最高时（一般是在中午前后，即从上午十点至下午三点的时间段），到达地球表面的太阳光线中的紫外线辐射对人体皮肤的可能损伤程度。紫外线指数变化范围用数字 0～15 表示。通常，夜间的紫外线指数为 0，热带、高原地区、晴天时的紫外线指数为 15。当紫外线指数越高时，表示紫外线辐射对人体皮肤的红斑损伤程度越加剧，同样，紫外线指数越高，在越短的时间内对皮肤的伤害也越大。有关紫外线指数分级如表 8.6 所示。表 8.7 是中央气象台 2010 年 8 月 4 日发布的重点城市紫外线情况预报。

表 8.6　紫外线指数分级

紫外线指数	等　级	紫外线照射强度	对人体可能影响	建议采取的防护措施
0～2	1	最弱	安全	可以不采取措施
3～4	2	弱	正常	外出戴防护帽或太阳镜
5～6	3	中等	注意	除戴防护帽和太阳镜外，涂擦防晒霜
7～9	4	强	较强	在上午十点至下午四点时段避免外出活动
>10	5	很强	有害	尽量不外出，必须外出时，要采取一定的防护措施

表 8.7　重点城市紫外线情况（2010.8.4，17：00）

城　　市	等　　级	城　　市	等　　级	城　　市	等　　级
北京	4级	哈尔滨	2级	上海	3级
乌鲁木齐	5级	西宁	4级	南昌	4级
呼和浩特	4级	兰州	4级	南宁	3级
银川	4级	石家庄	3级	台北	4级
太原	2级	长春	1级	杭州	4级
沈阳	1级	天津	3级	福州	4级
济南	1级	拉萨	4级	海口	4级
成都	3级	昆明	4级	广州	3级
西安	2级	郑州	3级	香港	4级
武汉	4级	重庆	4级	澳门	4级
长沙	4级	贵阳	4级		
南京	4级	合肥	4级		

皮肤在日晒后发红，医学上称为"红斑症"，这是皮肤对日晒作出的最轻微的反应。最低红斑剂量是指皮肤出现红斑的最短日晒时间。使用防晒用品后，皮肤的最低红斑剂量会增长，则该防晒用品的防晒系数 SPF 为：SPF＝最低红斑剂量（用防晒用品后）/最低红斑剂量（用防晒用品前）。SPF 虽然是防晒的重要指标，但并不表示 SPF 越高，保护力就越强。例如，SPF＝15 有 93% 的保护能力，而 SPF＝34 却只有 97% 的保护能力，但是，SPF 越大，其通透性越差，

会妨碍皮肤的正常分泌与呼吸。根据皮肤医学专家的研究，以东方人的肤质来说，日常防护可选用 SPF 10～15 的防晒品；如果从事游泳、打球等户外休闲活动，SPF＝20 就足以抵抗紫外线的伤害，而不会给肌肤造成负担。在购买防晒产品时，要仔细阅读说明，选择适当防晒系数（SPF）的产品，还要清楚该产品有无防 UV-A 的功能，这样才能买到需要的产品。根据皮肤科专家的研究，最适当的防晒系数为 SPF 15～30 即可，因为，一般来说，SPF＝15 的产品能够阻挡 93.3％的 UV-B，而 SPF＝30 的产品就可以抵挡 96.6％的 UV-B。此外，防晒系数过高的产品，相对而言质地也会比较油腻、厚重，容易产生阻塞毛孔的现象，甚至滋生暗疮和粉刺。另外，一些属于化学性防晒的高系数防晒品，在经过长波紫外线的照射下，吸收热能后，多半会转变成其他物质，导致肌肤出现过敏的现象。所以，在挑选防晒产品时，除了考虑防晒系数之外，还可以多看看它的附属成分，或者先试用，再作最后的决定。

显然，上述思想、行动和技术在很大程度上都得益于化学的帮助。

8.2.3　气候变暖

你体验过吗？冬天在塑料大棚里也比较温暖；在阳光充足的日子，封闭的汽车里温度可很快升到 49 ℃以上。这是因为太阳的可见光和少量紫外线通过车窗进入车内，能量被车内的构件吸收，特别是被深色的物体吸收，其中一部分能量又以红外线的形式释放出来，而红外线波长较长，不能从车窗散发出去，逐渐在车内累积起来，导致温度升高，这就是"温室现象"。人类居住的被大气层覆盖着的地球就是一种类似的"大温室"。据估计，一年中太阳向地球每天每平方米平均输送 343 W 的能量，整个地球获得的能量相当于 4.4 亿个日发电量为 1 亿 W 的电厂的年总发电量。人们已经认识到，太阳辐射的能量中约 30％被大气中的云层、尘埃和空气分子、地球表面反射回太空，25％被大气层吸收，剩下的约 45％被陆地和海洋吸收。反过来，地球又将它吸收的部分能量以红外线的形式辐射到大气层，在这个过程中大气中的水和二氧化碳可以高效吸收这种红外辐射增加分子的振动，并将能量大部分返回（统计表明，约占辐射能量的 81％），如图 8.10 所示。可见，在地球、大气层及太空之间保持着一个持续的、动态的热交换，建立起稳态平衡，使地球的平均温度基本维持恒定，这就是"温室效应"。显然，这是一种有益的自然过程，有助于维持地球上生命的存在。可以想像，如果没有大气层发挥正常作用，地球在白天和黑夜气温将会出现怎样的状况。

但是，人们越来越注意到，若大气层的物质组成发生明显的变化，将会导致上述稳态平衡的破坏，使更多的辐射能量返回地球表面，平均温度升高，产生"增强的温室效应"。以 2010 年为例，据《燕赵都市报》8 月 4 日报道，河北省 7

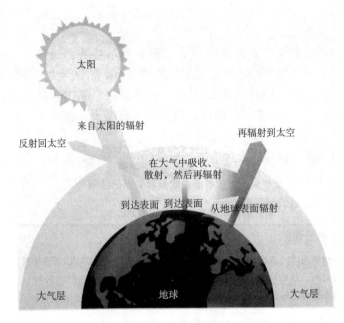

图 8.10　地球的能量平衡示意图

月份平均气温较常年大部偏高 1.0 ℃，张家口西北部地区偏高超过 3.0 ℃。俄罗斯在 7 月底～8 月初，创 74 年来同期高温纪录，这个夏天成为 130 年来最热的酷暑，由此导致 7 个地区因森林大火进入紧急状态，多人因火灾死亡，首都莫斯科成为"雾都"。这些都被人们视为气候变暖的表现。现在得出这样的结论：气候正在变暖并与人类活动有关；温室气体浓度的升高会提高地球的平均温度，温度的升高又可引起气候异常，进而引起海平面、陆地利用、人类健康以及地球生态系统的变化。

追溯起来，早在 1898 年物理化学家阿伦尼乌斯根据其粗略的计算结果（若 CO_2 浓度增大 1 倍，则地球表面的平均温度上升 5～6 ℃），结合他的观察，发表论文首次向人们提出警告："我们正在将煤矿蒸发到空气中"。此后若干年，尤其是近几十年来，人们对气候变暖、温室气体的种类及效应大小、温室气体的来源、迁移与归宿等展开了长期的研究，取得了一系列重要结果。

已经证明了对温室效应增加产生重要影响的气体有：二氧化碳（CO_2）、甲烷（CH_4）、一氧化二氮（N_2O）、氟碳烃（HFCs）、全氟化碳（CF_4 和 C_2F_6，铝熔炼过程的副产物，用于半导体的制备）和六氟化硫（SF_6，变压器的电绝缘物质和铝冶炼过程的保护气。），并提出了用全球变暖潜能值（global warming potential，GWP）来定量表示它们的影响的相对大小，如表 8.8 所示。

表 8.8　温室气体的 GWP

物　质	CO$_2$	CH$_4$	N$_2$O	HFCs	CF$_4$/C$_2$F$_6$	SF$_6$
GWP	1（指定值）	25	298			

人们在谈论温室气体时，会提到二氧化碳当量。什么是二氧化碳当量？二氧化碳当量是指一种用做比较不同温室气体排放的量度单位。各种温室气体对地球温室效应的贡献度有所不同，为了统一度量整体温室效应的结果，规定以二氧化碳当量为度量温室效应的基本单位。一种气体的二氧化碳当量是通过把这一气体的吨数乘以其全球变暖潜能值（GWP）后得出的。之所以有二氧化碳当量这样的计量方式，是为了构造一个合理的框架，以便对减排各种温室气体所获得的相对利益进行定量。二氧化碳是最重要的温室气体，但也存在一些其他的温室气体，如甲烷、一氧化二氮等。这些"非二氧化碳"气体的综合影响相当巨大，再加上空气污染形成烟雾带来的升温，非二氧化碳气体的暖化效应大体上与二氧化碳相当。减少 1 t 甲烷排放就相当于减少了 25 t 二氧化碳排放，即 1 t 甲烷的二氧化碳当量是 25 t；而 1 t 一氧化二氮的二氧化碳当量是 298 t。遏制全球变暖需要长达数十年的努力，科学家和政策制定者有时候会将这些非二氧化碳气体减排看做是"容易实现的目标"。

认识到气候变暖的巨大危害，人们一直在持续努力作许多的研究工作，如完善与温室效应有关的气候变化模型，并作出气候变化评估，其中关注海洋、火山喷发等自然或人类活动引起的气溶胶。气溶胶是由一些物质组合成的复杂体系，包括尘埃、海盐、烟雾、碳以及含氮和硫的化合物，极细小的硫酸铵颗粒就是最常见的气溶胶之一。又如，温室气体的排放量、人口增长速度、经济增长速度对气候变化评估的不确定性产生什么重要的影响，也是重要的研究内容。

目前，人类应对气候变暖的主要措施是：实施减少温室气体排放的政策，减少对矿物燃料的依赖，这就是世界各国非常重视新能源开发的背景。这并不简单，因为现代经济与能源有非常密切的关联。据报道，按人均排放量计，美国最高为 5.5 t，我国和印度分别为 0.6 t 和 0.3 t，但总排放量我国现在居第二。应对地球变暖的手段包括俘获二氧化碳，如绿化种树，减少森林砍伐，石油界提出把二氧化碳分离出来并把它直接压回到地下或海洋中储存起来。应对地球变暖的手段还包括改变农业种植方法。当然，这都需要技术手段的创新。国际上针对这个问题，在 1992 年 6 月于巴西里约热内卢召开的"地球高峰会议"（160 多个国家参加）上通过了"气候变化框架协议"，1997 年提出《京都议定书》，确定的目标是：稳定大气中温室气体的浓度并将其降到更环保的水平。产生的一个附带政策是发展中国家可以与发达国家以"碳交易"的形式，减少二氧化碳的排放。但该议定书存在很大的争议，一直未正式生效实施。

8.2.4　水污染

简单地说，当肮脏、有害的物质进入洁净的水中，水污染就发生了。水的污染源主要有：未经处理而排放的工业废水，未经处理的生活污水，大量使用化肥、农药、除草剂而产生的农田污水，堆放在河边的工业废弃物和生物垃圾，矿山污水等。水土流失也可造成水污染。

地表水主要包括江、河、湖泊和水库，是人类最重要的生活、工业及农业用水的来源。要判断是否受到污染，需要依据环境质量标准。在制定和改进质量标准、使用质量标准、改善水环境质量等方面，化学工作者发挥着重要的作用。我国目前执行的《地表水环境质量标准》为 GB 3838—2002，其主要内容见表 8.9～表 8.12。可以看出，该标准涉及几十项化学项目的检测，使用了多项常规化学分析方法或仪器分析方法，从中可以体会学习化学的重要性和社会对化学人才的广泛需求。

表 8.9　地表水环境质量标准基本项目标限值

序　号	项　　目		I类	II类	III类	IV类	V类
1	水温/ ℃		人为造成的环境水温变化应限制在：周平均最大温升≤1　周平均最大温降≤2				
2	pH(无量纲)		6～9				
3	溶解氧/(mg/L)	≥	饱和率90% (或7.5)	6	5	3	2
4	高锰酸盐指数/(mg/L)	≤	2	4	6	10	15
5	化学需氧量(COD)/(mg/L)	≤	15	15	20	30	40
6	五日生化需氧量(BOD_5)/(mg/L)	≤	3	3	4	6	10
7	氨氮(NH_3-N)/(mg/L)	≤	0.15	0.5	1.0	1.5	2.0
8	总磷(以 P 计)/(mg/L)	≤	0.02 (湖、库0.01)	0.1 (湖、库0.025)	0.2 (湖、库0.05)	0.3 (湖、库0.1)	0.4 (湖、库0.2)
9	总氮(湖、库,以 N 计)/(mg/L)	≤	0.2	0.5	1.0	1.5	2.0
10	铜/(mg/L)	≤	0.01	1.0	1.0	1.0	1.0
11	锌/(mg/L)	≤	0.05	1.0	1.0	2.0	2.0
12	氟化物(以 F^-计)/(mg/L)	≤	1.0	1.0	1.0	1.5	1.5
13	硒/(mg/L)	≤	0.01	0.01	0.01	0.02	0.02
14	砷/(mg/L)	≤	0.05	0.05	0.05	0.1	0.1
15	汞/(mg/L)	≤	0.000 05	0.000 05	0.000 1	0.001	0.001

续表

序　号	项　目		I类	II类	III类	IV类	V类
16	镉/(mg/L)	≤	0.001	0.005	0.005	0.005	0.01
17	铬(六价)/(mg/L)	≤	0.01	0.05	0.05	0.05	0.1
18	铅/(mg/L)	≤	0.01	0.01	0.05	0.05	0.1
19	氰化物/(mg/L)	≤	0.005	0.05	0.2	0.2	0.2
20	挥发酚/(mg/L)	≤	0.002	0.002	0.005	0.01	0.1
21	石油类/(mg/L)	≤	0.05	0.05	0.05	0.5	1.0
22	阴离子表面活性剂/(mg/L)	≤	0.2	0.2	0.2	0.3	0.3
23	硫化物/(mg/L)	≤	0.05	0.1	0.2	0.5	1.0
24	粪大肠菌群/(个/L)	≤	200	2 000	10 000	20 000	40 000

表 8.10　集中式生活饮用水地表水源地补充项目标准限值　（单位：mg/L）

序　号	项　目	标准值
1	硫酸盐(以 SO_4^{2-} 计)	250
2	氯化物(以 Cl^- 计)	250
3	硝酸盐(以 N 计)	10
4	铁	0.3
5	锰	0.1

表 8.11　集中式生活饮用水地表水源地特定项目标准限值　（单位：mg/L）

序　号	项　目	标准值	序　号	项　目	标准值
1	三氯甲烷	0.06	13	六氯丁二烯	0.0006
2	四氯化碳	0.002	14	苯乙烯	0.02
3	三溴甲烷	0.1	15	甲醛	0.9
4	二氯甲烷	0.02	16	乙醛	0.05
5	1,2-二氯乙烷	0.03	17	丙烯醛	0.1
6	环氧氯丙烷	0.02	18	三氯乙醛	0.01
7	氯乙烯	0.005	19	苯	0.01
8	1,1-二氯乙烯	0.03	20	甲苯	0.7
9	1,2-二氯乙烯	0.05	21	乙苯	0.3
10	三氯乙烯	0.07	22	二甲苯①	0.5
11	四氯乙烯	0.04	23	异丙苯	0.25
12	氯丁二烯	0.002	24	氯苯	0.3

续表

序 号	项 目	标准值	序 号	项 目	标准值
25	1,2-二氯苯	1.0	53	林丹	0.002
26	1,4-二氯苯	0.3	54	环氧七氯	0.0002
27	三氯苯②	0.02	55	对硫磷	0.003
28	四氯苯③	0.02	56	甲基对硫磷	0.002
29	六氯苯	0.05	57	马拉硫磷	0.05
30	硝基苯	0.017	58	乐果	0.08
31	二硝基苯④	0.5	59	敌敌畏	0.05
32	2,4-二硝基甲苯	0.0003	60	敌百虫	0.05
33	2,4,6-三硝基甲苯	0.5	61	内吸磷	0.03
34	硝基氯苯⑤	0.05	62	百菌清	0.01
35	2,4-二硝基氯苯	0.5	63	甲萘威	0.05
36	2,4-二氯苯酚	0.093	64	溴氰菊酯	0.02
37	2,4,6-三氯苯酚	0.2	65	阿特拉津	0.003
38	五氯酚	0.009	66	苯并(a)芘	2.8×10^{-6}
39	苯胺	0.1	67	甲基汞	1.0×10^{-6}
40	联苯胺	0.0002	68	多氯联苯⑥	2.0×10^{-5}
41	丙烯酰胺	0.0005	69	微囊藻毒素-LR	0.001
42	丙烯腈	0.1	70	黄磷	0.003
43	邻苯二甲酸二丁酯	0.003	71	钼	0.07
44	邻苯二甲酸二(2-乙基己基)酯	0.008	72	钴	1.0
45	水合肼	0.01	73	铍	0.002
46	四乙基铅	0.0001	74	硼	0.5
47	吡啶	0.2	75	锑	0.005
48	松节油	0.2	76	镍	0.02
49	苦味酸	0.5	77	钡	0.7
50	丁基黄原酸	0.005	78	钒	0.05
51	活性氯	0.01	79	钛	0.1
52	滴滴涕	0.001	80	铊	0.0001

① 二甲苯:指对-二甲苯、间-二甲苯、邻-二甲苯。
② 三氯苯:指1,2,3-三氯苯、1,2,4-三氯苯、1,3,5-三氯苯。
③ 四氯苯:指1,2,3,4-四氯苯、1,2,3,5-四氯苯、1,2,4,5-四氯苯。
④ 二硝基苯:指对-二硝基苯、间-二硝基苯、邻-二硝基苯。
⑤ 硝基氯苯:指对-硝基氯苯、间-硝基氯苯、邻-硝基氯苯。
⑥ 多氯联苯:指 PCB-1016、PCB-1221、PCB-1232、PCB-1242、PCB-1248、PCB-1254、PCB-1260。

表 8.12　地表水环境质量标准基本项目分析方法

序　号	项　目	分析方法	最低检出限/(mg/L)	方法来源
1	水温	温度计法		GB 13195—91
2	pH	玻璃电极法		GB 6920—86
3	溶解氧	碘量法	0.2	GB 7489—87
		电化学探头法		GB 11913—89
4	高锰酸盐指数		0.5	GB 11892—89
5	化学需氧量	重铬酸盐法	10	GB 11914—89
6	五日生化需氧量	稀释与接种法	2	GB 7488—87
7	氨氮	纳氏试剂比色法	0.05	GB 7479—87
		水杨酸分光光度法	0.01	GB 7481—87
8	总磷	钼酸铵分光光度法	0.01	GB 11893—89
9	总氮	碱性过硫酸钾消解紫外分光光度法	0.05	GB 11894—89
10	铜	2,9-二甲基-1,10-菲啰啉分光光度法	0.06	GB 7473—87
		二乙基二硫代氨基甲酸钠分光光度法	0.010	GB 7474—87
		原子吸收分光光度法(螯合萃取法)	0.001	GB 7475—87
11	锌	原子吸收分光光度法	0.05	GB 7475—87

以下摘录了国家环境保护部发布的《2009 年中国环境状况公报》中"淡水环境"部分，可了解我国最近水污染情况[①]。

1）状况

全国地表水污染依然较重。七大水系总体为轻度污染，浙闽区河流为轻度污染，西北诸河为轻度污染，西南诸河水质良好，湖泊（水库）富营养化问题突出。

2）河流

长江、黄河、珠江、松花江、淮河、海河和辽河七大水系总体为轻度污染。203 条河流 408 个地表水国控监测断面中，Ⅰ～Ⅲ类、Ⅳ～Ⅴ类和劣Ⅴ类水质的断面比例分别为 57.3%、24.3% 和 18.4%。主要污染指标为高锰酸盐指数、五日生化需氧量和氨氮。其中，珠江、长江水质良好，松花江、淮河为轻度污染，黄河、辽河为中度污染，海河为重度污染。

（1）长江水系。水质总体良好。103 个国控监测断面中，Ⅰ～Ⅲ类、Ⅳ类、Ⅴ类和劣Ⅴ类水质的断面比例分别为 87.4%、5.8%、2.9% 和 3.9%。主要污染指标为氨氮、五日生化需氧量和石油类。

长江干流水质总体为优。与上年相比，水质无明显变化。

长江支流水质总体良好。与上年相比，水质无明显变化。十大支流中，雅砻江、嘉陵江、乌江、沅江和汉江水质为优；大渡河、岷江、沱江、湘江和赣江水质良好。但赣江南昌段为轻度污染，主要污染指标为氨氮。

省界河段水质为优。20 个断面中，Ⅰ～Ⅲ类、Ⅳ类和劣Ⅴ类水质的断面比例分别为 90.0%、5.0% 和 5.0%。与上年相比，水质无明显变化。污染最严重的断面是位于滁州皖-苏交界的滁河滁州汊河断面，水质为劣Ⅴ类，主要污染指标是氨氮、五日生化需氧量和高锰酸盐指数。

（2）黄河水系。总体为中度污染。44 个国控监测断面中，Ⅰ～Ⅲ类、Ⅳ类、Ⅴ类和劣Ⅴ类水质的断面比例分别为 68.2%、4.5%、2.3% 和 25.0%。主要污染指标为石油类、氨氮和五日生化需氧量。

黄河干流水质总体为优。与上年相比，水质无明显变化。

黄河支流总体为重度污染。与上年相比，水质有所下降。主要污染指标为石油类、氨氮和五日生化需氧量。除伊河、洛河和沁河水质为优，伊洛河为轻度污染外，其余支流普遍污染严重。渭河下游西安段和渭南段，湟水河西宁下游段，汾河太原段、临汾段和运城段，北洛河渭南段，大黑河呼和浩特段，涑水河运城段污染严重。

省界河段为中度污染。11 个断面中，Ⅰ～Ⅲ类、Ⅴ类和劣Ⅴ类水质断面比例分别为 63.6%、9.1% 和 27.3%。主要污染指标为氨氮、五日生化需氧量和高锰酸盐指数。渭河渭南潼关吊桥断面（陕-豫、晋）、汾河运城河津大桥断面和涑水河运城张留庄断面污染严重。

（3）珠江水系。水质总体良好。33 个国控监测断面中，Ⅰ～Ⅲ类、Ⅳ类和劣Ⅴ类水质的断面比例分别为 84.9%、12.1% 和 3.0%。主要污染指标为石油类和氨氮。

珠江干流水质总体良好。与上年相比，水质无明显变化。珠江广州段为轻度污染，主要污染指标为石油类和氨氮。

珠江支流水质总体为优。与上年相比，水质无明显变化。深圳河为重度污染，主要污染指标为五日生化需氧量、氨氮和高锰酸盐指数。

海南岛内河流：万泉河水质为优；海甸溪为轻度污染，主要污染指标为石油类。

省界河段水质为优。7 个断面中，Ⅱ类水质断面占 57.1%，Ⅲ类占 42.9%。与上年相比，水质无明显变化。

（4）松花江水系。总体为轻度污染。42 个国控监测断面中，Ⅰ～Ⅲ类、Ⅳ类、Ⅴ类和劣Ⅴ类水质的断面比例分别为 40.5%、47.6%、2.4% 和 9.5%。主要污染指标为高锰酸盐指数、石油类和氨氮。

松花江干流总体为轻度污染。主要污染指标为高锰酸盐指数和氨氮。与上年相比，水质明显好转。

松花江支流总体为中度污染。主要污染指标为五日生化需氧量、氨氮和高锰酸盐指数。与上年相比，水质无明显变化。

5 个省界断面中，Ⅱ类水质断面 1 个、Ⅲ类水质断面 2 个、Ⅳ类水质断面 2 个。

（5）淮河水系。总体为轻度污染。86 个国控监测断面中，Ⅰ～Ⅲ类、Ⅳ类、Ⅴ类和劣Ⅴ类水质的断面比例分别为 37.3%、33.7%、11.6% 和 17.4%。主要污染指标为高锰酸盐指数、五日生化需氧量和石油类。

淮河干流水质总体良好。与上年相比，水质有所好转。

淮河支流总体为中度污染。主要污染指标为高锰酸盐指数、五日生化需氧量和氨氮。与上年相比，水质无明显变化。主要一级支流中，史灌河和潢河水质为优，浉河水质良好，洪河、洪河分洪道、西淝河、沱河和浍河为轻度污染，涡河和颍河为重度污染。

省界河段为中度污染。33 个断面中，Ⅰ～Ⅲ类、Ⅳ类、Ⅴ类和劣Ⅴ类水质的断面比例分别为 18.2%、45.4%、15.2% 和 21.2%。主要污染指标为高锰酸盐指数、五日生化需氧量和石油类。与上年相比，水质无明显变化。

（6）海河水系。总体为重度污染。64 个国控监测断面中，Ⅰ～Ⅲ类、Ⅳ类、Ⅴ类和劣Ⅴ类水质的断面比例分别为 34.4%、10.9%、12.5% 和 42.2%。主要污染指标为高锰酸盐指数、五日生化需氧量和氨氮。

海河干流总体为重度污染，主要污染指标为氨氮。与上年相比，水质无明显变化。

海河水系其他主要河流总体为重度污染。主要污染指标为五日生化需氧量、高锰酸盐指数和氨氮。与上年相比，水质略有好转。主要河流中，淋河和永定河水质为优，滦河水质良好，漳卫新河为中度污染，大沙河、子牙新河、徒骇河、北运河和马颊河为重度污染。

省界河段为重度污染。17 个断面中，Ⅰ～Ⅲ类、Ⅴ类和劣Ⅴ类水质断面比例分别为 47.1%、11.7% 和 41.2%。主要污染指标为氨氮、五日生化需氧量和高锰酸盐指数。与上年相比，水质有所好转。

（7）辽河水系。总体为中度污染。36 个国控监测断面中，Ⅰ～Ⅲ类、Ⅳ类、Ⅴ类和劣Ⅴ类水质的断面比例分别为 41.7%、13.9%、8.3% 和 36.1%。主要污染指标为五日生化需氧量、氨氮和石油类。

辽河干流总体为中度污染。主要污染指标为五日生化需氧量、高锰酸盐指数和氨氮。老哈河水质为优，东辽河和西辽河为轻度污染，辽河为重度污染。与上年相比，老哈河和西辽河水质有所好转，东辽河水质有所下降，辽河水质无明显变化。

辽河支流总体为重度污染。与上年相比，水质无明显变化。西拉沐沦河为轻度污染，条子河和招苏台河为重度污染。主要污染指标为高锰酸盐指数、五日生化需氧量和氨氮。

大辽河及其支流总体为重度污染。浑河沈阳段、太子河本溪段和鞍山段以及大辽河营口段污染严重。主要污染指标为石油类、氨氮和五日生化需氧量。与上年相比，水质无明显变化。

大凌河总体为中度污染。主要污染指标为石油类、氨氮和高锰酸盐指数。与上年相比，水质有所好转。

3 个省界断面中，Ⅱ类水质、Ⅴ类水质、劣Ⅴ类水质断面各 1 个。与上年相比，水质有所下降。

（8）浙闽区河流。总体为轻度污染。32 个国控监测断面中，Ⅰ～Ⅲ类和Ⅳ类水质的断面比例分别为 68.7％和 31.3％。主要污染指标为石油类、氨氮和五日生化需氧量。

（9）西南诸河。水质总体良好。17 个国控监测断面中，Ⅰ～Ⅲ类、Ⅴ类和劣Ⅴ类水质的断面比例分别为 88.2％、5.9％和 5.9％。主要污染指标为铅。

（10）西北诸河。总体为轻度污染。26 个国控监测断面中，Ⅰ～Ⅲ类、Ⅳ类、Ⅴ类和劣Ⅴ类水质的断面比例分别为 73.1％、19.3％、3.8％和 3.8％。主要污染指标为石油类、氨氮和五日生化需氧量。

3）湖泊（水库）

26 个国控重点湖泊（水库）中，满足Ⅱ类水质的 1 个，占 3.9％；Ⅲ类的 5 个，占 19.2％；Ⅳ类的 6 个，占 23.1％；Ⅴ类的 5 个，占 19.2％；劣Ⅴ类的 9 个，占 34.6％。主要污染指标为总氮和总磷。营养状态为重度富营养的 1 个，占 3.8％；中度富营养的 2 个，占 7.7％；轻度富营养的 8 个，占 30.8％；其他均为中营养，占 57.7％。

（1）太湖。水质总体为劣Ⅴ类。主要污染指标为总氮和总磷。湖体处于轻度富营养状态。与上年相比，水质无明显变化。

太湖环湖河流总体为轻度污染。88 个国控监测断面中，Ⅰ～Ⅲ类、Ⅳ类、Ⅴ类和劣Ⅴ类水质的断面比例分别为 36.3％、33.0％、11.4％和 19.3％。主要污染指标为氨氮、五日生化需氧量和石油类。与上年相比，水质有所好转。

（2）滇池。水质总体为劣Ⅴ类。主要污染指标为总磷和总氮。与上年相比，水质无明显变化。草海处于重度富营养状态，外海处于中度富营养状态。

滇池环湖河流总体为重度污染。8 个国控监测断面中，Ⅱ类、Ⅳ类和劣Ⅴ类水质的断面比例分别为 25.0％、12.5％和 62.5％。主要污染指标为氨氮、五日生化需氧量和石油类。与上年相比，水质有所下降。

（3）巢湖。水质总体为 V 类。主要污染指标为总磷、总氮和石油类。与上年相比，水质无明显变化。西半湖处于中度富营养状态，东半湖处于轻度富营养状态。

巢湖环湖河流总体为重度污染。12 个国控监测断面中，III 类、IV 类、V 类和劣 V 类水质的断面比例分别为 16.7%、33.3%、8.3% 和 41.7%。主要污染指标为石油类、氨氮和高锰酸盐指数。

（4）其他大型淡水湖泊。监测的 9 个重点国控大型淡水湖泊中，洱海、镜泊湖和博斯腾湖为 III 类水质，鄱阳湖和南四湖为 IV 类水质，洞庭湖为 V 类水质，达赉湖、白洋淀和洪泽湖为劣 V 类水质。各湖主要污染指标为总氮和总磷。与上年相比，镜泊湖水质好转，洱海水质变差，其他大型淡水湖水质无明显变化。

南四湖、洞庭湖、洱海、镜泊湖和博斯腾湖为中营养状态，白洋淀、洪泽湖和鄱阳湖为轻度富营养状态，达赉湖为中度富营养状态。

（5）城市内湖。监测的 5 个城市内湖中，东湖（武汉）和昆明湖（北京）为 IV 类水质，玄武湖（南京）为 V 类水质，大明湖（济南）和西湖（杭州）为劣 V 类水质。各湖主要污染指标为总氮和总磷。与上年相比，东湖和玄武湖水质好转，其他城市内湖水质无明显变化。

昆明湖为中营养状态，玄武湖、大明湖和西湖为轻度富营养状态，东湖为中度富营养状态。

（6）大型水库。监测的 9 座大型水库中，密云水库（北京）为 II 类水质，董铺水库（安徽）和千岛湖（浙江）为 III 类水质，松花湖（吉林）和丹江口水库（湖北、河南）为 IV 类水质，于桥水库（天津）和大伙房水库（辽宁）为 V 类水质，崂山水库（山东）和门楼水库（山东）为劣 V 类水质。各水库主要污染指标为总氮。与上年相比，千岛湖和松花湖水质好转，其他 7 座大型水库水质无明显变化。

4）重点水利工程

（1）三峡库区。水质为优，6 个国控监测断面水质均为 II 类。

（2）南水北调东线工程沿线。总体为轻度污染。10 个国控监测断面中，I～III 类、IV 类和劣 V 类水质的断面比例分别为 40.0%、50.0% 和 10.0%。主要污染指标为石油类、高锰酸盐指数和五日生化需氧量。与上年相比，水质无明显变化。

5）地下水环境质量状况

经对北京、辽宁、吉林、上海、江苏、海南、宁夏和广东 8 个省（自治区、直辖市）641 眼井的水质监测，水质适用于各种使用用途的 I～II 类监测井占评价监测井总数的 2.3%，适合集中式生活饮用水水源及工农业用水的 III 类监测井占 23.9%，适合除饮用外其他用途的Ⅳ～Ⅴ类监测井占 73.8%。主要污染指标是总硬度、氨氮、亚硝酸盐氮、硝酸盐氮、铁和锰等。

2009 年，全国 202 个城市的地下水水质以良好～较差为主，深层地下水质量普遍优于浅层地下水，开采程度低的地区优于开采程度高的地区。总体来看，全国地下水水质状况较上年变化不大，水质总体呈恶化趋势或好转趋势的分布较为分散。

6）全国重点城市主要集中式饮用水源地水质

2009 年，全国重点城市共监测 397 个集中式饮用水源地，其中地表水源地 244 个，地下水源地 153 个。监测结果表明，重点城市年取水总量为 217.6 亿 t，达标水量为 158.8 亿 t，占 73.0%；不达标水量为 58.8 亿 t，占 27.0%。

重点水功能区达标状况：全国监测评价水功能区 3219 个，按水功能区水质管理目标评价，全年水功能区达标率为 42.9%，其中一级水功能区（不包括开发利用区）达标率为 53.2%，二级水功能区达标率为 36.7%。

7）内陆渔业水域环境质量状况

江河重要渔业水域主要受到总磷、非离子氨、高锰酸盐指数及铜、镉的污染。总磷污染仍以黄河、长江及黑龙江流域部分渔业水域相对较重，非离子氨污染以黄河流域部分渔业水域相对较重，高锰酸盐指数污染以黑龙江及黄河流域部分渔业水域相对较重，铜污染以辽河、黄河及长江流域部分渔业水域相对较重。与上年相比，非离子氨和镉超标范围有所减小，总磷、高锰酸盐指数、石油类、挥发酚和铜的超标范围均有不同程度增大。

湖泊（水库）重要渔业水域主要受到总氮、总磷和高锰酸盐指数的污染，总磷和总氮的污染仍较重。与上年相比，总氮、总磷和铜的超标范围有所减小，高锰酸盐指数和石油类超标范围有所增大。

8）废水和主要污染物排放量

2009 年，全国废水排放总量为 589.2 亿 t，比上年增加 3.0%；化学需氧量排放量为 1277.5 万 t，比上年下降 3.3%；氨氮排放量为 122.6 万 t，比上年下降 3.5%（表 8.13）。

表 8.13　全国废水和主要污染物排放量年际变化

年度	废水排放量/亿 t			化学需氧量排放量/万 t			氨氮排放量/万 t		
	合计	工业	生活	合计	工业	生活	合计	工业	生活
2006	536.8	240.2	296.6	1428.2	541.5	886.7	141.3	42.5	98.8
2007	556.8	246.6	310.2	1381.8	511.1	870.8	132.3	34.1	98.3
2008	572	241.9	330.1	1320.7	457.6	863.1	127	29.7	97.3
2009	589.2	234.4	354.8	1277.5	439.7	837.8	122.6	27.3	95.3

8.2.5　土壤污染

人为活动产生的污染物进入土壤并积累到一定程度，引起土壤质量恶化，并进而造成农作物中某些指标超过国家标准的现象称为土壤污染。研究表明，土壤中污染物超过植物的承受限度，会引起植物的吸收和代谢失调，一些污染物在植物体内残留，会影响植物的生长发育，引起植物变异，使农作物减产，农产品质量下降。在被污染土壤中生长的作物吸收和积累了大量有毒物质（如汞、镉、铅、DDT 等）后，这些有毒物质就会通过食物链最终影响人体健康。例如，镉含量严重超标的大米，会造成前述的"水俣病"。据报道，广东韶关大宝山矿区的上坝村就存在严重的镉污染；辽宁沈阳张士灌区由于长期用工业废水灌溉，导致土壤和稻米中重金属镉含量超标，人畜不能食用，土壤不能再作为耕地，只能改作他用。土壤污染从产生到出现问题通常会滞后较长的时间，这是土壤污染尚未得到像大气污染和水污染那样重视的原因之一。实际上据调查，就全国而言，目前受污染的耕地约有 1.5 亿亩[①]，合计约占耕地总面积的 1/10 以上，其中多数集中在经济较发达地区。

污染物进入土壤的途径是多样的，主要有以下几种：

（1）大气沉降。废气中含有的污染物质，特别是颗粒物，如二氧化硫、氮氧化物、有色金属冶炼厂排出的含重金属的粉尘等，以酸雨、气溶胶的形式或在重力作用下沉降到地面进入土壤。

（2）工业废水或生活污水的排放。废水中携带的无机盐、有毒有机物、重金属和病原体等污染物一旦进入土壤，便会造成严重污染。据《南方日报》报道，广东韶山大宝山矿是一座大型多金属硫化物矿床，1969 年开矿，20 世纪 70 年代初大规模采矿、洗矿。"站在大宝山矿区高高的拦泥坝前，你会感觉到一种深深的震撼。一个硕大泥黄色大水库横在你的眼前，这是一湖镉含量超标 16 倍的'毒水'，源源不断流向下游的'毒水'严重污染着下游的土地"。30 余年的污水灌溉造成新江、翁城两个镇 10 个村的土壤污染，受害人口 13 000 多人，稻田 10 000 余亩，鱼塘 1000 余亩。造成粮食减产，作物重金属含量超标，进而引起当地群众皮肤病、肾结石、肝癌等病高发。

（3）工业固废和城市垃圾造成污染。工业固废主要来自采掘业、化学原料及化学制品、黑色冶金及化工、非金属矿物加工、电力煤气生产、有色金属冶炼等，如尾矿渣、煤矸石、铬渣、粉煤灰等废弃物，这些固体废物中的污染物直接进入土壤或其渗出液进入土壤，便会造成土壤污染。半个世纪以来，城市生活垃圾不仅产生量迅速增长，而且组成也发生了重大变化，往往含有各种重金属和其

---

① 　1 亩≈667 m²。

他有害物质，如处理不当，会直接或通过渗滤液污染土壤。

（4）化肥和农药的污染。施用化肥是农业增产的重要措施，但不合理的使用也会造成土壤污染。若单纯长期过量施用氮肥会破坏土壤结构，造成土壤板结、贫瘠，影响农作物的品质和产量。化学农药包括各种杀虫剂、杀菌剂、除草剂和植物生长剂等，对农业发展作出了重要贡献。但是，后来发现一些农药产品，如"六六六"、"DDT"和"阿特拉津"等为难降解的有机氯农药，能在土壤中长期存在而不降解，并在生物体内富集，对土壤造成污染。

根据国家环境保护部发布的《2009年中国环境状况公报》，2009年，全国工业固体废物产生量为 204 094.2 万 t，比上年增加 7.3%；排放量为 710.7 万 t，比上年减少 9.1%；综合利用量、储存量、处置量分别为 138 348.6 万 t、20 888.6 万 t、47 513.7 万 t。危险废物产生量为 1429.8 万 t，综合利用量、储存量、处置量分别为 830.7 万 t、218.9 万 t、428.2 万 t。由此可见，必须重视固体废物可能对土壤等环境造成的污染。

8.3　环境中的持久性有机污染物

作为环境化学的热点研究领域，本节介绍关于环境中的持久性有机污染物的分析调查研究。

持久性有机污染物（persistent organic pollutants，POPs）是指具有以下特性的污染物：①具有较强的抗生物降解、光解和化学分解的能力，在环境中能长期存在，其半衰期往往达到数年；②具有生物蓄积性，因为 POPs 具有低水溶性和高脂溶性，所以易从环境中富集到生物体内，并通过食物链的生物放大作用达到致毒浓度；③具有长距离迁移能力，因为 POPs 具有半挥发性，所以能够以蒸气的形式存在或者吸附在大气颗粒物上，进而在大气环境中远距离迁移；④具有强的毒性，有些还具有致癌性、生殖毒性，危害生物体健康。

因此，POPs 对于全球环境和人类健康的巨大危害一旦被揭示出来，便迅速引起各国政府、学术界、工业界和公众的广泛重视。2001 年 5 月 23 日，127 个国家的代表在瑞典首都签署了《关于持久性有机污染物的斯德哥尔摩公约》（简称《POPs 公约》），并于 2004 年 5 月 17 日正式生效，从而启动了人类向 POPs 这类特殊的化学物质宣战的进程。基于此，签约国基本都成立了多个专门从事 POPs 研究的科研机构，来服务履约。

在《POPs 公约》中提出了需要采取国际行动的首批 12 种物质，包括艾氏剂、狄氏剂、异狄氏剂、DDT、氯丹、六氯苯、灭蚁灵、毒杀芬、七氯、多氯联苯、多氯代二苯并二噁英（简称二噁英，缩写为 PCDDs）和多氯代二苯并呋喃（简称呋喃，缩写为 PCDFs）。其中前九种是农药，多氯联苯是精细化工产品，后两种是化学品生产中的杂质衍生物和含氯废物焚烧产生的次生污染物。显然，了解它们在环境中的存在状况和行为，是正确判断其危害和制定控制战略的先决条件，在这方面化学同样发挥了重要作用。

对海洋、港口、河流、湖泊、水库和地下水等自然水体中的 POPs 进行了很多研究。以联合国环境规划署在全球 12 个区域开展的一项评估为例，结果表明，在淡水中均检出了有机氯农药，一般含量较低，含量最高的地区通常是在发展中国家，或发达国家农药厂泄漏处；北半球淡水中有机氯农药含量较高；DDT 浓度最高的区域分别在中亚和东北亚地区、中美洲和加勒比海以及南美东部和西部地区，这主要是因为在这些地区，部分发展中国家至今仍在生产和使用 DDT，导致淡水污染较重。我国对水体中的有机氯农药的残留也作了大量的检测，结果也都有检出，部分水体受到了较严重的污染。例如，Zhang 等（2004）对北京通惠河表层水样中的溶解态有机氯农药进行分析测定，其中 DDT、艾氏剂、狄氏剂、异狄氏剂、七氯的含量分别为 $18.79 \sim 663.2$ ng/L、$4.48 \sim 107.9$ ng/L、$ND \sim 36.6$ ng/L、$ND \sim 303.0$ ng/L、$0.22 \sim 3.98$ ng/L，表明通惠河水体受到了一定的污染。

沉积物是 POPs 的主要环境归宿之一。沉积物中存在着一系列的自然胶体，如黏土矿物、有机质、铁锰铝的水合氧化物以及二氧化硅胶体等。这些胶体在 POPs 的迁移转化中起着极为重要的作用。国内外对 POPs 在表层的沉积物中的分布特征和污染来源的研究在不断增加。研究表明，世界海洋近岸沉积物中 DDT 的含量范围多数为 $<0.1 \sim 44$ ng/(g·dw)（dw 表示干重），而在严重污染的海区沉积物中，DDT 的浓度可高达 1893 ng/(g·dw)。康跃惠等（2000）在 1997 年分析了珠江广州段、澳门西港、狮子洋水道、伶仃洋和西江河口沉积物中的 HCH 和 DDT，结果表明，各河口沉积物中 DDT 的平均浓度范围为 $9.94 \sim 1628.81$ ng/(g·dw)，显著高于世界海洋近岸沉积物中 DDT 的含量水平。

大气中的 POPs 物质除了来源于农药喷洒外，还可能来自于被污染水体或土壤与大气之间的界面交换。由于 POPs 具有持久性和半挥发性等性质，因而进入环境中的 POPs 可以通过远距离传输迁移到北极、南极、沙漠、珠峰等偏远地区，这对其全球扩散起着比较重要的作用。例如，Iwata 等（1993）在研究有机氯农药在全球的迁移和转化时，对包括我国东海和南海在内的一些海区上空大气中的有机氯农药进行了检测。结果表明，阿拉伯海以及我国东海和南海地区大气中 DDT 浓度较高，分别达到了 1000 pg/m³、$2.9 \sim 43$ pg/m³ 和 $7.8 \sim 140$ pg/m³。

土壤有机质可以吸附并固定 POPs，是环境中 POPs 的天然汇。除了意外泄露之外，土壤中 POPs 的来源包括化学品施用、大气沉降、污泥农用等途径。污染物被土壤有机质吸附之后，很难发生迁移，因此土壤中 POPs 的污染水平往往差异很大；土壤中 POPs 的水平也可以反映出该地长期受污染的情况。调查表明，在全球各地的土壤中均检出了有机氯农药。例如，Miller 等（2002）调查了澳大利亚污染土壤中 DDT 的含量，有些地区达到了 106 μg/(g·dw)，氯丹和狄氏剂的浓度较低，一般低于 2 ng/(g·dw)。但总体来说，自 1987 年澳大利亚禁用 DDT 以来，土壤中 DDT 的含量水平呈下降趋势。又如，赵玲和马永军（2001）在 1993～1999 年对浙江宁波地区 7 个县市的土壤中的 DDT 和 HCH 残留情况进行了调查，结果表明，由于 20 世纪 80 年代曾大量使用 DDT，造成 DDT 检出率为 100%，各区域 DDT 平均残留为 0.002～0.7644 μg/(g·dw)，HCH 平均残留为 0.003～0.0152 μg/(g·dw)，局部区域污染程度超过国家《土壤环境质量标准》（GB 15618—1995）的二级标准。

8.4　污染控制化学

污染控制是环境保护的有力措施之一。环境保护是指人类为解决现实的或潜在的环境问题，协调人类与环境的关系，保障经济社会的持续发展而采取的各种行动的总称。其方法和手段有工程技术的、行政管理的，也有法律的、经济的、宣传教育的等。其内容主要有以下三方面：

（1）防治由生产和生活活动引起的环境污染。包括防治工业生产排放的"三废"（废水、废气、废渣）、粉尘、放射性物质以及产生的噪声、振动、恶臭和电磁微波辐射，交通运输活动产生的有害气体、废液、噪声，海上船舶运输排出的污染物，工农业生产和人民生活使用的有毒有害化学品，城镇生活排放的烟尘、污水和垃圾等造成的污染。

（2）防止由建设和开发活动引起的环境破坏。包括防止由大型水利工程、铁路、公路干线、大型港口码头、机场和大型工业项目等工程建设对环境造成的污染和破坏，农垦和围湖造田活动、海上油田、海岸带和沼泽地的开发、森林和矿产资源的开发对环境的破坏和影响，新工业区、新城镇的设置和建设等对环境的破坏、污染和影响。

（3）保护有特殊价值的自然环境。包括对珍稀物种及其生活环境、特殊的自然发展史遗迹、地质现象、地貌景观等提供有效的保护。

另外，城乡规划、控制水土流失和沙漠化、植树造林、控制人口的增长和分布、合理配置生产力等，也都属于环境保护的内容。环境保护已成为当今世界各国政府和人民的共同行动和主要任务之一。我国则把环境保护宣布为我国的一项基本国策，并制定和颁布了一系列环境保护的法律、法规，以保证这一基本国策的贯彻执行。

在这里举例讨论以化学或物理化学方法控制"点源"污染的重要技术，目的是让读者体会化学在控制污染方面所发挥的重要作用。

8.4.1　三元催化技术净化汽车尾气

为贯彻《中华人民共和国环境保护法》和《中华人民共和国大气污染防治法》，防治机动车污染物排放对环境的污染，改善环境空气质量，参照国际上通行的做法，我国制定了一系列关于机动车污染物排放限值及测量方法的国家标准，如《轻型汽车污染物排放限值及测量方法（中国Ⅲ、Ⅳ阶段）》（GB 18352.3—2005），在该标准中规定了各种类型的轻型汽车排放一氧化碳（CO）、碳氢化合物（HC）和氮氧化物（NO_x）三类污染物的最高限值。

为了达到这个标准，化学家发明了三元催化净化技术，并在使用中进行了持续的改进，使得污染物排放越来越少。三元催化器是安装在汽车排气系统中的机外净化装置，它可将汽车尾气排出的 CO、HC 和 NO_x 等有害气体通过氧化和还原作用转变为无害的二氧化碳、水和氮气。由于这种催化器可同时将废气中的三种主要有害物质转化为无害物质，故称三元。使用的催化剂主要由两种不同类型的触媒所组成：还原型触媒和氧化型触媒。首先有毒气体流经还原型触媒，这部分触媒主要是由涂敷在蜂窝陶瓷表面的贵金属铂和铑所组成，在这部分发生的是还原反应，有毒的 NO_x 气体被还原成氮气和氧气；然后有毒气体开始流经氧化型触媒，这部分触媒主要是由涂敷在蜂窝陶瓷表面的贵金属铂和钯所组成，未燃烧的 HC 和 CO 在这部分发生的是氧化反应，转化成二氧化碳和水蒸气；同时，在 NO_x 被还原时所产生的氧气又促进了 HC 和 CO 所发生的氧化反应，使其达到更好的转化效果。

三元催化反应器的结构类似消声器，外面用双层不锈薄钢板制成筒形，在双层薄板夹层中装有绝热材料——石棉纤维毡，内部在网状隔板中间装有净化剂，图 8.11 为某一车型上使用的三元催化器装置。中间填装的净化剂由载体和催化剂组成，载体一般由三氧化二铝或堇青石（其化学成分是 $2MgO-Al_2O_3-5SiO_2$）或金属制成，其形状有球形、多棱体形和网状隔板等，如图 8.12 所示。净化剂实际上是起催化作用的，也称为催化剂。凡是性能较好的三元催化剂大多为铂（Pt）、钯（Pd）、铑（Rn）等稀有金属制成，价格昂贵。

为了充分发挥三元催化器的降污效率，防止早期损坏失效，在汽车使用中应注意以下两方面：

（1）装有三元催化器的汽车不能使用含铅汽油。因为含铅油燃烧后，铅颗粒随废气排经三元催化器时，会覆盖在催化剂表面，使催化剂作用面积减少，从而大大降低催化器的转换效率，这就是常说的"三元催化器铅中毒"。经验表明，即使只使用过一箱含铅汽油，也会造成三元催化器的严重失效。

（2）应避免未燃烧的混合气进入催化器。三元催化器开始起作用的温度是 200 ℃左右，最佳工作温度为 400～800 ℃，而超过 1000 ℃后作为催化剂的贵金

图 8.11　三元催化器装置图　　　　　　　图 8.12　三元催化剂

属成分自身也将会产生化学变化，使催化器内的有效催化剂成分降低，从而使催化作用减弱。

　　催化器降低碳氢化合物和一氧化碳这两种有害物质是通过在催化器内部进行燃烧使其转化为水及二氧化碳而实现的，而这种反应会产生热量。发动机正常工作情况下，这两种成分的含量适当，燃烧所产生的热量会使催化器保持在最佳工作温度附近，而发动机工作出现异常时排气中这两种成分的含量远远超过正常情况，燃烧所产生的热量有可能使催化器温度超过工作上限，从而伤害催化剂，使催化器损坏。因此，在车辆使用过程中要注意以下几种情况：①过久的怠速空转；②点火时间过迟；③喷油正常但启动困难；④混合气过浓；⑤发动机烧机油等。

8.4.2　化学法治理硫酸工业废水

　　为贯彻《中华人民共和国环境保护法》、《中华人民共和国水污染防治法》和《中华人民共和国海洋环境保护法》，控制水污染，保护江河、湖泊、运河、渠道、水库和海洋等地面水以及地下水水质的良好状态，保障人体健康，维护生态平衡，促进国民经济和城乡建设的发展，国家相继颁布了一系列的水污染物排放标准。以硫酸工业为例，它执行 1996 年颁布的《污水综合排放标准》（GB 8978—1996），主要考核指标是化学需氧量（COD）、氟化物、总砷和总汞，标准值如表 8.14 所示。

　　我国制造硫酸的原料主要是硫铁矿，约占 75%，其余为冶炼尾气制酸及硫磺制酸。废水主要来自气体洗涤废水，主要污染物是悬浮颗粒物（SS）、砷、氟。排水量为 $10\sim15\ m^3/t$，废水含砷浓度为 $30\sim50\ mg/L$，砷排放负荷为 $0.5\sim0.75\ kg/t$，氟浓度约为 $30\ mg/L$，排放负荷为 $0.3\sim0.45\ kg/t$。

表 8.14　硫酸工业废水排放主要考核指标及排放标准值　　（单位：mg/L）

考核指标	一级	二级	三级
COD	100	150	500
氟化物	10	15	20
总砷	0.5		
总汞	0.05		

　　为了达到排放标准，目前采用的主要技术有化学沉淀法和化学混凝加氧化法两种。化学沉淀法的原理是，用石灰或石灰石调节废水 pH 使其呈碱性，在碱性条件下，废水中的砷、氟化物等沉淀析出，被去除。采用的方法包括石灰中和法、石灰石中和法、石灰铁盐法等。石灰铁盐法是在加石灰的同时投加硫酸铁，经过二次中和，处理效果更好。化学混凝加氧化法的原理是，污水经中和沉淀后，上清液再用液氯或其他氧化剂氧化处理以进一步除砷，从而达标排放。图 8.13 为一工程实例的工艺流程图。

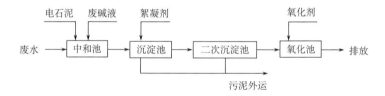

图 8.13　化学混凝加氧化法处理硫酸工业废水工艺流程图

8.4.3　深度氧化法修复有机污染土壤

　　为贯彻《中华人民共和国环境保护法》，防止土壤污染，保护生态环境，保障农林生产，维护人体健康，国家于 1995 年同样颁布了《土壤环境质量标准》（GB 15618—1995）。有机污染土壤是污染土壤的一种，自 20 世纪 70 年代末，国外已经开始关注受有机物污染的土壤，并探索各种修复技术。初期一般采用传统的物理和化学方法进行污染土壤的修复，如挖掘填埋和焚烧法，但费用高昂，不适于大规模应用。进入 90 年代，人们开始探索生物和微生物修复技术。微生物修复技术不破坏土壤结构、经济高效、不产生二次污染，适于大面积污染土壤的修复，被认为是主流修复技术。但是对于污染物浓度较高，特别是难降解有机物污染的土壤，如某些亟须处理的事故现场，微生物修复技术就不适用了。在这种情况下，使用化学新技术不失为一种好的策略，其中深度氧化技术就是一种修复有机污染土壤的新技术。

　　深度氧化技术（advanced oxidation process，AOP）是相对于常规氧化技术而言的，是指在环境修复过程中利用活性自由基（如羟基自由基，·OH）的高氧化能力，快速彻底地氧化有机污染物的处理技术。在常用的强氧化剂中，臭氧和过氧化氢都能形成具有强氧化性的羟基自由基，单独使用即具有一定的氧化能力，有时也采用两种氧化剂并用。紫外线或近紫外线激发，二氧化钛或铁、锰氧化物催化等技术常与氧化剂组合使用，从而实现更理想的氧化效果。因此，目前常用的深度氧化技术有：Fenton 氧化法（$H_2O_2+Fe^{2+}$ 盐）和光 Fenton 氧化法，臭氧＋紫外线，过氧化氢＋紫外线，二氧化钛光催化氧化，臭氧＋过氧化氢＋紫外线，以及电化学法与各种氧化剂合用，等等。

需要指出的是，深度氧化技术用于有机污染土壤的修复在国际上也只有 10 多年的历史，工程应用的实例还不多。目前各先进国家的工作正处于实验室内小试研究或小试研究向工程应用的转化阶段，还有许多问题需要解决。

8.5　绿色化学

由前面的讨论可知，近几十年来，环境问题和环境变化已经引起了世界各国政府、学术界和公众的广泛而持续的关注，并且自 1987 年后，在经济和社会发展中遵循"可持续发展战略"的思想已经被认同，也已成为我国政府的重要战略决策。"环境友好"、"清洁生产"、"低碳经济"等新名词都是从不同的角度对"可持续发展战略思想"的具体阐释。可以说，绿色化学（Green Chemistry）正是在这个背景下被催生出来的，是化学家试图从根本上解决环境污染的主动而积极的探索，并在理论创新和应用实践中取得了一批重要成果。绿色化学作为一个新学科或重要的研究方向是 1991 年首先由美国环境保护局采纳的，可见其从一诞生就肩负着解决环境问题的使命。

从物质转化的角度看，传统的化学虽然可以得到人类需要的新物质，但是在许多场合中却未有效地利用资源，又产生大量排放物造成严重的环境污染。绿色化学是更高层次的化学，它寻求变废为宝，可能使经济效益大幅度提高。绿色化学是环境友好技术或清洁技术的基础，但它更着重化学的基础研究；绿色化学与环境化学既相关、又有区别，环境化学研究影响环境的化学问题，而绿色化学研究与环境友好的化学反应。传统化学也有许多环境友好的反应，绿色化学将继承它们；对于传统化学中那些破坏环境的反应，绿色化学将寻找新的环境友好的反应来代替它们。

在《绿色化学——理论与应用》一书中，Anastas 博士（在美国环境保护局污染预防和毒物办公室工作）和 Warner 教授归纳提出了开展绿色化学研究应体现出以下 12 条原则中的至少一条，这 12 条原则被人们视为绿色化学的重要理论基础。

（1）预防，即从源头制止污染，而不是在末端治理污染。

（2）原子经济性，即合成方法应具原子经济性，即尽量使参加过程的原子都进入最终产物。

（3）无害化或少害化的合成，即在合成方法中尽量不使用和不产生对人类健康和环境有毒有害的物质。

（4）设计具有高使用效益低环境毒性的化学产品。

（5）尽量不用溶剂等辅助物质，不得已使用时它们必须是无害的。

（6）过程能效高，即生产过程应该在温和的温度和压力下进行，而且能耗应最低。

（7）尽量采用可再生的原料，特别是用生物质代替石油和煤等矿物原料。

（8）尽量减少副产品或衍生物。

（9）使用高选择性的催化剂。

（10）化学产品在使用完后应能降解成无害的物质并且能进入自然生态循环。

（11）发展适时分析技术以便监控有害物质的形成。

（12）选择参加化学过程的物质，尽量减少发生意外事故的风险。

这里采用朱清时院士在 2000 年第 4 期《化学进展》杂志上发表的一篇专论给出进一步解释。

（1）化学合成的原子经济性。为了节约资源和减少污染，化学合成效率成了绿色化学研究中关注的焦点。合成效率包括两个方面：一是选择性（化学、区域、非对映体和对映体选择性）；二是原子经济性，即原料分子中究竟有百分之几的原子转化成了产物。一个有效的合成反应不但要有高度的选择性，而且必须具备较好的原子经济性，尽可能充分地利用原料分子中的原子。如果参加反应的分子中的原子 100% 都转化成了产物，实现"零排放"，则既充分利用资源，又不产生污染。这是理想的绿色化学反应。在许多场合要用单一反应来实现原子经济性十分困难，甚至不可能。我们可以充分利用相关化学反应的集成，即把一个反应排出的废物作为另一个反应的原料，从而通过"封闭循环"实现零排放。

（2）环境友好的化学反应。在传统化学反应中常使用一些有害有毒的原料，如氰化氢（HCN）、丙烯腈、甲醛、环氧乙烷和光气等。它们严重地污染环境，危害人类的健康和安全。绿色化学的任务之一是用无毒无害的原料代替它们来生产各种化工产品。在这方面，人们已经进行了不少工作。另外科学家们也在研究如何以酶为催化剂，以生物质为原料生产有机化合物。酶反应大都条件温和，设备简单，选择性好，副反应少，产品性质优良，又不形成新的污染。因此用酶催化是绿色化学目前研究的一个重点。

（3）采用超临界流体作溶剂。在油漆、涂料的喷雾剂和泡沫塑料的发泡剂中使用的挥发性有机化合物（VOCs）的排放是环境的严重污染源。目前绿色化学研究的一个重点就是用无毒无害的液体代替挥发性有机化合物作溶剂。当温度和压力均在其临界点（31.1 ℃ 和 7476 kPa）以上时，二氧化碳具有液体的密度，因而有常规液态溶剂的强度；同时它又具有气体的黏度，因而有很高的传质速度，而且具有很大的可压缩性。这些特点加上其密度、溶剂强度和黏度等性能均可由压力和温度的变化来调节，使超临界二氧化碳成为一种优良的溶剂。它无毒、不可燃、而且价廉。目前已发现了许多能在超临界二氧化碳中进行的反应。研究超临界二氧化碳溶剂，不仅有可能代替挥发性有机化合物从而消除它们对环境的污染，而且可能开辟出一个化学和物理学、流体力学的交叉学科领域。

（4）研制对环境无害的新材料。工业化的发展为人类提供了许多新材料，在改善人类的物质生活的同时，它们的废弃物不能与生态环境兼容，使人类的生存环境迅速恶化。为了既不降低人类的物质生活水平，又不破坏环境，我们必须研制对环境无害的新材料和新燃料，如高效低毒农药、生态协调废料、可自然降解塑料等。

（5）计算机辅助的绿色化学设计。在设计新的绿色化学反应时，既要考虑产品性能好，又要价格经济、产生最少的废物和副产品、对环境无害，其难度之大是可想而知的。因此化学家们在设计绿色化学反应时，要打开思路去考虑。20 多年前，化学家们就开始探索用计算机来辅助设计有机合成。现在这个领域已经越来越成熟。它的做法是首先建立一个已知的有机合成反应尽可能全的资料库，然后在确定目标产物后，第一步找出一切可产生目标产物的反应；第二步又把这些反应的原料作为中间目标产物找出一切可产生它们的反应，依此类推下去，直到得出一些反应路线它们正好使用我们预定的原料。在搜索过程中，计算机按我们制定的评估方法自动地比较所有可能的反应途径，随时排除不适合的，以便最终找出价廉、物美、不浪费资源、不污染环境的最佳途径。

目前绿色化学在以上几方面的研究已取得很多进展，但是这些研究只能减轻环境压力，难以完全达到可持续发展的要求。事实上，人类社会的可持续发展需要人类的物质活动与自然生态循环协调一致，它要求从根本上改变人类的物质生活方式，重新回到生态系统的框架之内。自然界的生态体系是由复杂的封闭食物链构成的。光合作用合成植物生物质（纤维和淀粉等），它们被动物食用后转化为动物生物质，这两种生物质被微生物降解还原成水和二氧化碳。这个体系包含多种生物种群，使各级转化过程中的废料和能量都被利用，从而来自太阳的能量被充分利用后逐渐消耗，而构成生物的各种元素则被循环使用。因此，这种生态体系是可以持续发展的。

距今约 10 000 年前，新石器时期的人类学会了耕种和饲养家畜，形成了一种自给自足的农业生态体系，它由精耕细作的种植业和精心饲养的畜牧业组成。至今一些土著人仍然保持这种生活方式，其核心是土地、植物、动物和人的协调统一。大约 5000 年前，人类进入了青铜和铁器时代，文明开始步入快车道。由于这种农业生产能力低下，为了满足人口增长和人类对物质的不断增加的需求，人们不断毁林开荒，造成水土流失和土壤沙化。

20 世纪，科学技术对农业的发展产生了巨大的影响。特别是从合成 DDT 开始的化学农药和从合成氨开始的化学肥料，把农业生产推到了前所未有的高度，以致人们把这个时期称为"化学农业时代"。但是，这些人工合成的外源物质（化学农药和化肥等）不具备环境相容性，地球生态体系缺乏对它们的"自净能力"。它们在环境中的残留物越来越多，不仅破坏了人类赖以生存的生态环境，而且经过生物链富集进入农副产品后已经危害人类自身。

这些问题的产生不仅因为人类过去缺乏维持生态平衡的意识，而且也由于以前的科学技术尚无能力既满足人们的需求，又维持生态平衡。现代科学技术正在逐步发展这种能力。生态经济的基本原则是不用自然界生态循环不能"净化"的外源物质，它既依靠基因工程等技术产生人工选育的农业生物种群，以维持在新条件下的食物链循环和生态平衡，又使用绿色化学与化工技术加速关键的转化过程和能量利用效率，从而提高农业生产能力。基因工程育种已广为人知，这里简介生物质转化的绿色化学。

生物质的利用贯穿着人类发展的整个历史，目前它们仍是造纸和制革工业的主要原料。但是因为使用方法不当，造成目前我国最严重的污染。它们的核心科学问题是人工进行植物和动物生物质的转化。因此寻找高效转化生物质的好方法是当前绿色化学最重要的问题，也是发展生态农业的关键。

植物中的木质纤维素是地球上最丰富，且每年以上千亿吨的速度不断再生的植物生物质，但至今为人类所利用的仅占 1.5%。特别是我国每年收成的 10 亿 t 农作物秸秆，由于用做饲料时转化率不高，造成农牧业结合的传统模式解体，它们仅 5% 用于造纸，就产生约 25 亿 t 造纸废水，其中含被遗弃的约 600 万 t 具重要经济价值的木质素。还有大量废弃的秸秆被焚烧，又造成大气污染和土壤养分的大量损失。

植物生物质的主要成分是木质素、纤维素和半纤维素。它们都可以转化成极为宝贵的能源和化工原料，但是为了充分和高效地转化它们，必须先把它们有效地分解开来。在亿万年的进化中，植物体为了免受微生物的侵害，逐渐形成了由木质素、纤维素和半纤维素相互连接、凝聚而成的复杂的超分子结构体，组成了一种十分严密的防御体系，因此分解它们注定十分困难。长期以来，人类用简单粗暴的方法处理生物质，不仅未能高效且充分地利用它们，而且造成严重的环境污染。

　　在自然界的生态体系中，生物质的转化是通过酶催化以极为高效的方式进行的。在生态平衡的条件下人工加速植物生物质转化的关键是找到高效廉价的酶或化学仿酶催化剂。但是由于生物质和酶的结构复杂、种类繁多、制备提纯很难，因而单靠经验来寻找极为困难，需要使用基于现代科学最新成就的创新方法。

　　20 世纪 80 年代中期，两种重要的木质素降解酶（木质素过氧化物酶和锰过氧化物酶）的发现使研究迅速深入到酶解的化学机理和生物模拟。近年来的研究表明，木质纤维素的超分子结构难以被降解的主要原因不是其组成单体间连接键的性质，而是其聚合物的三维结构所导致的空间障碍，使得酶蛋白分子难以接近、结合和识别以完成催化反应。

　　长期以来，人们对不同来源的植物中的纤维素、木质素和半纤维素的结构进行的研究集中在三大组分分离后的化学组成、含量和单元之间的键连接，并由此推断分子的平面结构。由于受研究手段限制，对于木质纤维素的超分子结构和网状结构知之不多。然而它们却正是决定生物活性至关重要的因素。例如，化学和物理特性（除旋光度之外）相同，但手性不同的物质可能有截然不同的生理性质。与此相似，木质纤维素的超分子立体结构也可能导致酶催化的高度特异性（立体选择性）。

　　研究木质纤维素超分子的立体结构与酶催化降解过程之间的构效关系，不仅有可能揭示出生命现象中一些至关重要的化学机理，而且是找到生物质利用的绿色化学方法，从而实现生态经济的关键。

　　动物生物质转化中的科学问题和研究方法与上述植物生物质的十分类似。简言之，动物生物质的重要成分之一是胶原纤维束，逐步分解下去，它们是由纤维—亚纤维—微纤维—原胶原构成的。它们在酶催化作用下可降解为氨基酸，但是此过程是高度选择性的，对胶原纤维束的立体结构十分敏感。我们也需要从研究胶原纤维束在酶催化降解过程中的"构效"关系入手，发展出把皮革工业中废弃的胶原纤维高效转化为高值产品所需的大量廉价的酶种。

　　解决这些问题有着十分深远的意义。朝此方向做下去，我们将有可能不再使用生态循环链以外的能源和化工原料（如煤、石油和天然气），而做到生产和使用的一切东西都来自生态循环链，也可以在生态循环链中降解。当然这绝不是重新回到过去落后的自然经济和原始的生态循环链。通过改造，新的生态循环链已包含人类社会需要的新物质，在一些关键环节上的转化和能量释放也已大大加快。人类进入成熟期后，科学技术正朝着这种既满足人们的需求，又维持生态平衡的方向发展。首先是实现生态农业，这是人类可持续发展的必由之路。

思 考 题

1. 请关注当地近期的环境质量报告，并对其状况和变化进行分析。

2. 臭氧层的作用是什么？破坏臭氧层的物质主要有哪些？

3. 什么是持久性有机污染物？调查一下可能接触过的持久性有机污染物。

4. 分别举例说明化学在控制大气污染、水污染和土壤污染方面所发挥的重要作用。

5. 请谈谈发展绿色化学的意义。

参 考 文 献

鲍曼 B A，拉塞尔 R M. 2004. 现代营养学. 荫士安，汪之顼译. 北京：化学工业出版社

蔡苹. 2010. 化学与社会. 北京：科学出版社

陈平初，詹正坤. 1999. 化学知识探源. 武汉：湖北教育出版社

陈照峰，张中伟. 2010. 无机非金属材料学. 西安：西北工业大学出版社

戴树桂. 2005. 环境化学进展. 北京：化学工业出版社

高思秘. 2009. 液体推进剂. 北京：宇航出版社

葛淑兰，张玉祥. 2009. 药物化学. 北京：人民卫生出版社

郭建民. 2004. 高分子材料化学基础. 北京：化学工业出版社

郭树才. 2006. 煤化工工艺学. 2 版. 北京：化学工业出版社

国家环境保护总局科技标准司. 1999. 工业污染源达标排放技术. 北京：中国环境科学出版社

国家自然科学基金委员会. 2010. 2011 年度国家自然科学基金项目指南. 北京：科学出版社

何耀春，赵洪星. 2006. 石油工业概论. 北京：石油工业出版社

洪紫萍，王贵公. 2001. 生态材料导论. 北京：化学工业出版社

胡文祥. 2003. 载人航天工程火箭推进剂安全科学概论. 北京：解放军出版社

江元汝. 2009. 化学与健康. 北京：科学出版社

金龙飞. 1999. 食品与营养学. 北京：中国轻工业出版社

金学平. 2007. 药物化学. 北京：化学工业出版社

康跃惠，麦碧娴，盛国英，等. 2000. 珠江三角洲河口及邻近海区沉积物中含氯有机污染物的分布特征.
　　中国环境科学，20（3）：245-249

克莱邦德 K J. 2004. 纳米材料化学. 陈建峰，邵磊，刘晓林译. 北京：化学工业出版社

李明阳. 2002. 化妆品化学. 北京：科学出版社

李奇，陈光巨. 2006. 材料化学. 北京：高等教育出版社

梁英豪. 1999. 化学与环境. 南宁：广西教育出版社

林建华，荆西平. 2006. 无机材料化学. 北京：北京大学出版社

凌关庭，唐述潮，陶民强. 2003. 食品添加剂手册. 北京：化学工业出版社

吕少杰. 1988. 食品添加剂浅谈. 现代化工，8（2）：44

马建标. 2006. 功能高分子材料. 北京：化学工业出版社

马子川，张英锋. 2011. 生活中的化学. 北京：北京师范大学出版社

彭晖冰，罗耀华. 2003. 绿色化学与绿色化学教育. 长春师范学院学报，23（3）：83

钱旭红，徐玉芳，徐晓勇，等. 2000. 精细化工概论. 北京：化学工业出版社

任特生. 1992. 硝胺及硝酸酯炸药化学与工艺学. 北京：兵器工业出版社

戎志梅. 2002. 对发展以农副产品为原料的生物化工的几点意见. 化工科技市场，(1)：5

沈永嘉. 2007. 精细化学品化学. 北京：高等教育出版社

施开良. 2000. 化学与材料——人类文明进步的阶梯. 长沙：湖南教育出版社

舒宏福. 2004. 新合成食用香料手册. 北京：化学工业出版社

孙荣康，任特生，高怀琳. 1981. 猛炸药的化学与工艺学（上册）. 北京：国防工业出版社

汪佩兰. 2007. 火工与烟火安全技术. 北京：北京理工大学出版社

王宏龄，富春江. 2007. 国内外主要发酵类氨基酸产品发展现状. 精细与专用化学品，15（24）：1

王建新. 1997. 天然活性化妆品. 北京：中国轻工业出版社

王质明. 2004. 实用药物化学. 北京：化学工业出版社

温秉权. 2009. 金属材料手册. 北京：电子工业出版社

邬国英，李为民，单玉华. 2006. 石油化工概论. 2 版. 北京：中国石化出版社

吴雨龙，洪亮. 2009. 精细化工概论. 北京：科学出版社

武超宇. 1980. 硝化甘油化学与工艺学. 北京：国防工业出版社

夏治强. 2008. 化学武器兴衰史话. 北京：化学工业出版社

杨兴钰. 2003. 材料化学导论. 武汉：湖北科学技术出版社

叶毓鹏，奚美玎，张利洪. 1997. 炸药用原材料化学与艺学. 北京：兵器工业出版社

虞继舜. 2000. 煤化学. 北京：冶金工业出版社

张爱芸. 2009. 化学与现代生活. 郑州：郑州大学出版社

张国伟. 2006. 爆炸作用原理. 北京：国防工业出版社

张胜义，陈祥迎，杨捷. 2009. 化学与社会发展. 合肥：中国科学技术大学出版社

赵玲，马永军. 2001. 有机氯农药在农业环境中残留现状分析. 农业环境与发展，67（1）：37-39

郑智宏. 2007. 煤化工生产基础知识. 北京：化学工业出版社

周学良，束瑞信，任国晓，等. 2002. 日用化学品. 北京：化学工业出版社

周义德，王方，岳峰. 2004. 我国生物质资源化利用新技术及其进展. 节能，（10）：8

朱清时. 2000. 绿色化学. 化学进展，12（4）：410

朱圣东，吴元欣，喻子牛，等. 2003. 植物纤维素原料生产燃料酒精研究进展. 化学与生物工程，（5）：8

朱宪. 2001. 绿色化学工艺. 北京：化学工业出版社

朱银惠. 2005. 煤化学. 北京：化学工业出版社

Eubanks L P，Middlecamp C H，Pienta N J，等. 2008. 化学与社会. 段连运等译. 北京：化学工业出版社

http：//baike. baidu. com/view/105933. htm

http：//baike. baidu. com/view/198240. htm

http：//baike. baidu. com/view/2205415. html

http：//baike. baidu. com/view/62186. htm

http：//baike. baidu. com/view/751240. htm

http：//baike. soso. com/v8497134. htm

http：//datacenter. mep. gov. cn

http：//jcs. mep. gov. cn/hjzl/zkgb/2009hjzkgb/201006/t20100603_190429. htm

http：//jcs. mep. gov. cn/hjzl/zkgb/2009hjzkgb/201006/t20100603_190435. htm

http：//www. chinafuhefei. com/advancesearch. aspx？PanelID＝0

http：//www. chinapesticide. gov. cn/doc08/08021840. html

http：//www. chinapesticide. gov. cn/jxyny/jxyny. html

http：//www. cma. gov. cn/tqyb/v2/product/environment＿yb. php

http：//www. fert. cn/news/

http：//www. law-lib. com/lawhtm/1986/3559. htm

http：//www. nsfc. gov. cn/nsfc/cen/00/kxb/hxb/images/index200806. htm

Iwata H，Tanabe S，Sakai N，et al. 1993. Environ Sci Technol，27（4）：1080-1098

Miller D A，Petersen G W，Kolb P J，et al. 2002. J Soil Water Conserv，57（5）：120-127

Zhang Z L，Huang J，Yu G，et al. 2004. China Environ Pollut，130（2）：249-261